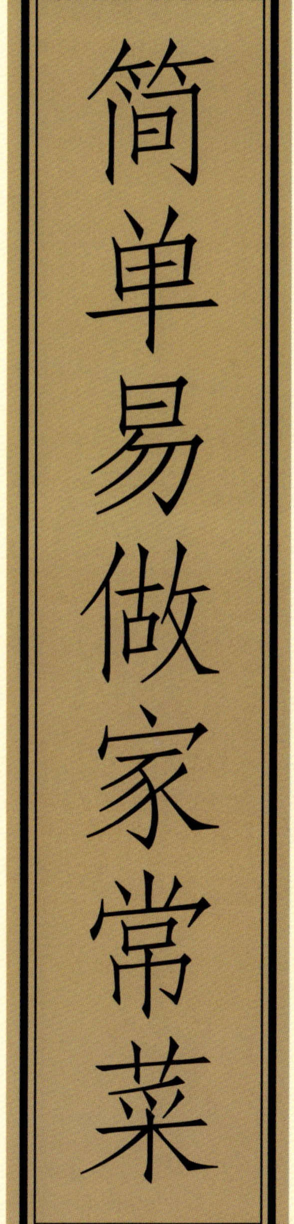

彦普书坊◎编著

台海出版社

图书在版编目（CIP）数据

简单易做家常菜 / 彦普书坊编著. -- 北京 : 台海出版社, 2025. 2. -- ISBN 978-7-5168-4090-0

Ⅰ. TS972.12

中国国家版本馆CIP数据核字第20254TC126号

简单易做家常菜

编　　著：彦普书坊

责任编辑：徐　玥　　　　封面设计：韩月朝
策划编辑：兮夜忆安

出版发行：台海出版社
地　　址：北京市东城区景山东街 20号　　邮政编码：100009
电　　话：010-64041652（发行，邮购）
传　　真：010-84045799（总编室）
网　　址：www.taimeng.org.cn/thcbs/default.htm
E-mail：thcbs@126.com

经　　销：全国各地新华书店
印　　刷：北京一鑫印务有限责任公司
本书如有破损、缺页、装订错误，请与本社联系调换

开　　本：710毫米×1000毫米　　1/16
字　　数：225千字　　印　　张：12
版　　次：2025年2月第1版　　印　　次：2025年3月第1次印刷
书　　号：ISBN 978-7-5168-4090-0

定　　价：58.00元

前言

现代生活节奏的加快，让越来越多的人没有时间或懒于下厨房，将饭店当作自家厨房的“外食族”人数不断增加。然而，餐馆做菜千篇一律，常下馆子难免厌烦，而且餐馆菜品通常是“大火猛料”制成，有可能导致一些健康问题。要想解决这一问题，我们就要回归家庭厨房，回归家常味道。只有家常的味道，才是经典的味道，才是健康的味道。

家常的味道，来自千家万户，来自老百姓代代相传，就像儿时的记忆，永远深刻。一道可口的家常菜，不仅可以保证家人营养均衡和膳食健康，还可以让家人在品味美食之余享受天伦之乐；一道色、香、味、形俱全的家常菜品，不仅可以让你在亲友聚会中大显身手，还可以增进亲友之间的感情。

本书精选多道深受人们喜爱的家常菜，每道菜都各具特色，能让家人食欲大增，胃口大开，吃得欲罢不能，轻松解决众口难调的问题。全书分为“百味烹饪方法”“清爽有道凉拌菜”“心福口福快手小炒”“原汁原味蒸煮功夫”“有滋有味焖烧烩”五个篇章，所选的菜例皆为简单菜式、常见食材，调料、做法介绍详细，且烹饪步骤清晰，详略得当，读者可以一目了然地了解食物的制作要点，易于操作。即便你没有任何做饭经验，也能做得有模有样、有滋有味。

只要按照本书的指导，你就能轻松掌握各类家常菜的制作方法。对于初学者来说，可以从中学习简单的菜色，让自己逐步变成烹饪高手；对于已经可以熟练做菜的人来说，则可以从中学习新的菜色，为自己的厨艺锦上添花。掌握了这些家常菜肴的烹饪技巧，你就不必再为一日三餐吃什么大伤脑筋，也不必再为宴请亲朋感到力不从心。

不用去餐厅，在家里就能轻松做出丰盛美食，让家人吃出美味，吃出健康。

如果你想在厨房小试牛刀，如果你想成为人们胃口的主人，修炼成一个做饭高手的话，不妨拿起本书。当你按照书中介绍的烹调基础和诀窍，以及分步详解的实例烹调出一道看似平常却大有味道的家常菜时，不仅能收获烹饪带来的乐趣，还能通过美味传递情感，打开人们的心扉。

目录

第一部分 百味烹饪方法

第二部分 清爽有道凉拌菜

第三部分 心福口福快手小炒

第四部分
原汁原味蒸煮功夫

第五部分

有滋有味焖烧烩

第一部分

百味烹饪方法

烹饪过程中用到的烹饪方法有很多，如熘、炒、蒸、煮、炸等，掌握了这些烹饪方法，我们就可以根据食材的特性，选择适合食材的烹饪方法，这样既可以让营养更丰富，也可以让味道更鲜美。本章节将教你各种烹饪方法的操作要领，让你运用自如。

拌是一种冷菜的烹饪方法，操作时把生的原料或晾凉的熟料切成小型的丝、条、片、丁、块等形状，再加上各种调味料，拌匀即可。

将原材料洗净，根据其属性切成丝、条、片、丁或块，放入盘中。

原材料放入沸水中氽烫一下捞出，再放入凉开水中凉透，控净水，入盘。

将蒜、葱等治净，并添加盐、醋、香油等调味料，浇在盘内菜上，拌匀即成。

腌

腌是一种冷菜烹饪方法，是指将原材料放在调味卤汁中浸渍，或者用调味品涂抹、拌和原材料，使其部分水分排出，从而使味汁渗入其中。

将原材料洗净，控干水分，根据其属性切成丝、条、片、丁或块。

锅中加卤汁调味料煮开，凉后倒入容器中。将原料放入容器中密封，腌7~10天即可。

食用时可依个人口味加入辣椒油、白糖、味精等调味料。

卤是一种冷菜烹饪方法，指经加工处理的大块或完整原料，放入调好的卤汁中加热煮熟，使卤汁的香鲜滋味渗透进原材料的烹饪方法。调好的卤汁可长期使用，而且越用越香。

将原材料治净，入沸水中氽烫以排污除味，捞出后控干水分。

将原材料放入卤水中，小火慢卤，使其充分入味，卤好后取出，晾凉。

将卤好晾凉的原材料放入容器中，加入蒜蓉、味精、酱油等调味料拌匀，装盘即可。

炒是使用最广泛的一种烹调方法，以油为主要导热体，将小型原料用中旺火在较短时间内加热成熟，调味成菜的一种烹饪方法。

将原材料洗净，切好备用。

锅烧热，加底油，用葱、姜末炝锅。

放入加工成丝、片、块状的原材料，直接用旺火翻炒至熟，调味装盘即可。

操作要点

1.炒的时候，油量的多少一定要视原料的多少而定。
2.操作时，一定要先将锅烧热，再下油，一般将油锅烧至六或七成热为佳。
3.火力的大小和油温的高低要根据原料的材质而定。

熘

熘是一种热菜烹饪方法，在烹调中应用较广。它是先把原料经油炸或蒸煮、滑油等预热加工使其成熟，然后再把成熟的原料放入调制好的卤汁中搅拌，或把卤汁浇在成熟的原料上。

将原材料洗净，切好备用。

将原材料经油炸或滑油等预热加工使其成熟。

将调制好的卤汁放入成熟的原材料中搅拌，装盘即可。

操作要点

1.熘汁一般都是用淀粉、调味品和高汤勾兑而成，烹制时可以将原料先用调味品拌腌入味后，再用蛋清、团粉挂糊。
2.熘汁的多少与主要原材料的分量多少有关，而且最后收汁时最好用小火。

烧

烧是烹调中国菜肴的一种常用技法，先将原料进行一次或两次以上的预热处理之后，放入汤中调味，大火烧开后小火烧至入味，再用大火收汁成菜的烹调方法。

❶

将原料洗净，切好备用。

❷

将原料放锅中加水烧开，加调味料，改用小火烧至入味。

❸

用大火收汁，调味后，起锅装盘即可。

操作要点

1.所选用的原料多数是经过油炸、煎、炒或蒸、煮等熟处理的半成品。
2.所用的火力以中小火为主，加热时间的长短根据原料的老嫩和大小而不同。
3.汤汁一般为原料的四分之一左右，烧制后期转旺火勾芡或不勾芡。

焖

焖是从烧演变而来的，是将加工处理后的原料放入锅中加适量的汤水和调料，盖紧锅盖烧开后改用小火进行较长时间的加热，待原料酥软入味后，留少量味汁成菜的烹饪方法。

❶

将原材料洗净，切好备用。

❷

将原材料与调味料一起炒出香味后，倒入汤汁。

❸

盖紧锅盖，改中小火焖至熟软后改大火收汁，装盘即可。

操作要点

1.要先将洗好切好的原料放入沸水中汆熟或入油锅中炸熟。
2.焖时要加入调味料和足量的汤水，以没过原料为好，而且一定要盖紧锅盖。
3.一般用中小火较长时间加热焖制，以使原料酥烂入味。

蒸是一种重要的烹调方法，其原理是将原料放在容器中，以蒸汽加热，使调好味的原料成熟或酥烂入味。其特点是保留了菜肴的原形、原汁、原味。

❶ 将原材料洗净，切好备用。

❷ 将原材料用调味料调好味，摆于盘中。

❸ 将其放入蒸锅，用旺火蒸熟后取出即可。

操作要点

1.蒸菜对原料的形态和质地要求严格，原料必须新鲜、气味纯正。
2.蒸时要用强火，但精细材料要使用中火或小火。
3.蒸时要让蒸笼盖稍留缝隙，可避免蒸汽在锅内凝结成水珠流入菜肴中。

烤

烤是将加工处理好或腌渍入味的原料置于烤具内部，用明火、暗火等产生的热辐射进行加热的技法的总称。其菜肴特点是原料经烘烤后，表层水分散发，产生松脆的表面和焦香的滋味。

❶ 将原材料洗净，切好备用。

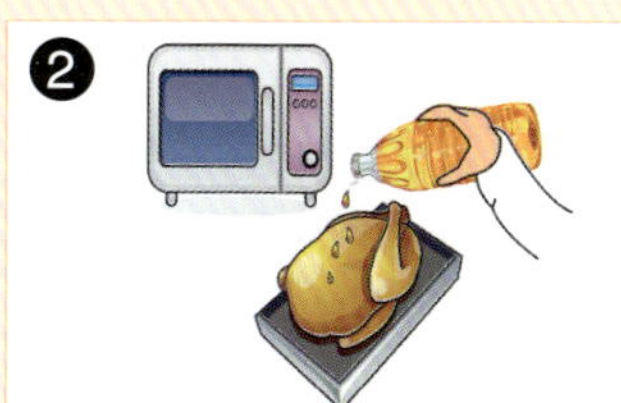

❷ 将原材料腌渍入味，放在烤盘上，淋上少许油。

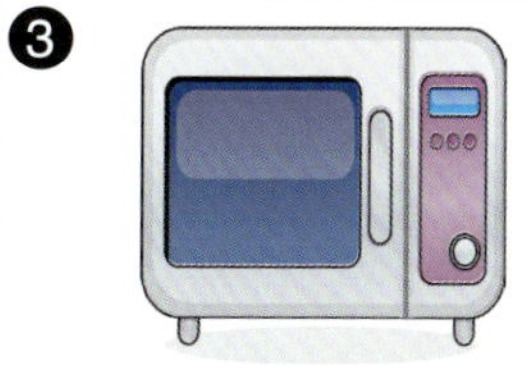

❸ 最后放入烤箱，待其烤熟，取出装盘即可。

操作要点

1.一定要将原材料加调味料腌渍入味，再放入烤箱烤，这样才能使烤出来的食物美味可口。
2.烤之前最好将原材料刷上一层香油或植物油。
3.要注意烤箱的温度，不宜太高，否则容易烤焦。而且要掌握好时间的长短。

煎

一般日常所说的煎，是指先把锅烧热，再以凉油涮锅，留少量底油，放入原料，先煎一面上色，再煎另一面。煎时要不停地晃动锅，以使原料受热均匀，色泽一致，使其熟透，食物表面会成金黄色。

❶ 

将原材料治净。

❷ 

将原材料腌渍入味，备用。

❸ 

锅烧热，倒入少许油，放入原材料煎至食材熟透，装盘即可。

操作要点

1.用油要纯净，煎制时要适量加油，以免油少将原料煎焦了。
2.要掌握好火候，不能用旺火煎；油温高时，煎食物的时间往往需时较短。
3.还要掌握好调味的方法，一定要将原料腌渍入味，否则煎出来的食物口感不佳。

炸是油锅加热后，放入原料，以食油为介质，使其成熟的一种烹饪方法。采用这种方法烹饪的原料，一般要间隔炸两次才能酥脆。炸制菜肴的特点是香、酥、脆、嫩。

❶ 

将原材料洗净，切好备用。

❷ 

将原材料腌渍入味或用水淀粉搅拌均匀。

❸ 

锅下油烧热，放入原材料炸至焦黄，捞出控油，装盘即可。

操作要点

1.用于炸的原料在炸前一般需用调味品腌渍，炸后往往随带辅助调味品上席。
2.炸最主要的特点是要用旺火，而且用油量要多。
3.有些原料需经拍粉或挂糊再入油锅炸熟。

炖是指将原材料加入汤水及调味品，先用旺火烧沸，然后转成中小火，长时间烧煮的烹调方法。炖出来的汤的特点是：滋味鲜浓、香气醇厚。

将原材料洗净，切好，入沸水锅中汆烫。

锅中加适量清水，放入原材料，大火烧开，再改用小火慢慢炖至酥烂。

最后加入调味料即可。

操作要点

1.大多原材料在炖时不能先放咸味调味品，特别不能放盐，因为盐的渗透作用会严重影响原料的酥烂，延长加热时间。

2.炖时，先用旺火煮沸，撇去泡沫，再用微火炖至酥烂。

3.炖时要一次加足水量，中途不宜加水掀盖。

煮是将原材料放在多量的汤汁或清水中，先用大火煮沸，再用中火或小火慢慢煮熟。煮不同于炖，煮比炖的时间要短，一般适用于体小、质软类的原材料。

将原材料洗净，切好。

油烧热，放入原材料稍炒，注入适量的清水或汤汁，用大火煮沸，再用中火煮至熟。

最后放入调味料即可。

操作要点

1.煮时不要过多地放入葱、姜、料酒等调味料，以免影响汤汁本身的原汁原味。

2.不要过早过多地放入酱油，以免汤味变酸，颜色变暗发黑。

3.忌让汤汁大滚大沸，以免肉中的蛋白质分子运动激烈使汤浑浊。

煲就是将原材料用文火煮，慢慢地熬。煲汤往往选择富含蛋白质的动物原料，一般需要3小时左右。

先将原材料洗净，切好备用。

将原材料放锅中，加足冷水，用旺火煮沸，改用小火持续20分钟，加姜和料酒等调料。

待水再沸后用中火保持沸腾3~4个小时，浓汤呈乳白色时即可。

操作要点

1.中途不要添加冷水，因为正加热的肉类遇冷收缩，蛋白质不易溶解，汤便失去了原有的鲜香味。

2.不要太早放盐，因为早放盐会使肉中的蛋白质凝固，从而使汤色发暗，浓度不够，外观不美。

烩是指将原材料油炸或煮熟后改刀，放入锅内加辅料、调料、高汤烩制的烹饪方法，这种方法多用于烹制鱼虾、肉丝、肉片等。

将所有原材料洗净，切块或切丝。

炒锅加油烧热，将原材料略炒，或氽水之后加适量清水，再加调味料，用大火煮片刻。

然后加入芡汁勾芡，搅拌均匀即可。

操作要点

1.烩菜对原料的要求比较高，多以质地细嫩柔软的动物性原料为主，以脆鲜嫩爽的植物性原料为辅。

2.烩菜原料均不宜在汤内久煮，多经氽水或过油，有的原料还需上浆后再进行初步熟处理。一般以汤沸即勾芡为宜，以保证成菜的鲜嫩。

第二部分

清爽有道 凉拌菜

凉拌菜是风格独特、拼摆技术性强的菜肴，常用的原料有蔬菜、果品、水产及禽肉类等。凉拌菜常用的调料有葱油、辣椒油（红油）、花椒油等，拼盘方法有双拼、三拼、四拼、五拼、什锦拼盘、花色冷拼等。

姜汁时蔬

材料 菠菜180克，姜60克

调料 盐、味精各4克，香油、生抽各10克

做法

1. 菠菜择净，洗净，切成小段，放入开水中烫熟，沥干水分，装盘。
2. 姜去皮，洗净，一半切碎，一半捣汁，一起倒在菠菜上。
3. 盐、味精、香油、生抽调匀，淋在菠菜上即可。

口口香

材料 菠菜200克，瓜子仁、熟花生米各50克，西红柿少许

调料 盐3克，味精1克，醋6克，生抽10克

做法

1. 菠菜洗净，切段；西红柿洗净，切片。
2. 锅内注水烧沸，加入菠菜段氽熟后，捞起沥干并装入盘中，把瓜子仁、熟花生米放在菠菜上。
3. 加入盐、味精、醋、生抽做成调味汁淋上，西红柿片摆盘边即可。

宝塔菠菜

材料 菠菜200克，杏仁、玉米粒、松子各50克

调料 盐3克，味精1克，醋8克，生抽10克，香油适量

做法

1. 菠菜洗净，切段，放入沸水中氽熟；杏仁、玉米粒、松子洗净，用沸水焯熟，捞起晾干备用。
2. 菠菜、杏仁、玉米粒、松子放入碗中，加入盐、味精、醋、生抽、香油拌匀，再倒扣于盘中即可。

芥辣拌豆角

材料 青豆角 100 克，红豆角 100 克，彩椒 10 克

调料 盐 3 克，鸡精 2 克，香油 5 克，芥辣粉 4 克，蒜 5 克

做法

1. 红、青豆角洗净，择去头尾，切段；蒜去皮剁蓉；彩椒去蒂切丝。
2. 净锅上火，加适量水，放少许油、盐，水沸后下豆角，汆熟，捞出过凉水，用干毛巾包住吸干水分，盛入碗里。
3. 调入盐、鸡精、香油、芥辣粉、蒜蓉、彩椒丝，拌匀，装盘即可。

荷兰豆百合

材料 荷兰豆 200 克，百合 50 克

调料 盐 3 克，味精 1 克，醋 6 克，香油 10 克，红甜椒少许

做法

1. 荷兰豆洗净；百合洗净；红甜椒洗净，切片。
2. 锅内注水烧沸，放入荷兰豆、百合、红椒片汆熟后，捞起沥干并放入盘中。
3. 用盐、味精、醋、香油调成汁，浇在上面拌匀即可。

凉拌四仁

材料 四季豆、杏仁、红豆、白果各适量

调料 盐、酱油、味精各适量

做法

1. 四季豆、杏仁、红豆、白果均洗净，入水中氽熟。
2. 盐、酱油、味精调成味汁，然后将其淋到菜上即可。

核桃仁拌木耳

材料 核桃仁 250 克，水发木耳 150 克，青椒、红椒各 20 克

调料 盐、味精各 3 克，香油适量

做法

1. 木耳洗净，撕成小片；青椒、红椒均洗净，切菱形片。
2. 木耳与青椒、红椒分别入开水锅中氽水，捞出沥干。
3. 备好的材料加核桃仁同拌，调入盐、味精拌匀，再淋入香油即可。

芥蓝桃仁

材料 芥蓝200克，核桃仁80克

调料 红椒5克，盐3克，味精2克，香油10克

做法

1. 芥蓝择去叶子，去皮，洗净，切成小片，放入开水中氽熟。
2. 红椒洗净，切成小片。
3. 芥蓝、核桃仁、红椒装盘，淋上盐、味精、生抽，搅拌均匀即可。

芥蓝拌腊八豆

材料 芥蓝250克，腊八豆80克

调料 红椒5克，盐3克，味精2克，生抽、辣椒油各10克

做法

1. 芥蓝去皮，洗净，放入开水中烫熟，沥干水分。
2. 红椒洗净，切成丁，放入水中氽一下。
3. 盐、味精、生抽、辣椒油调匀，淋在芥蓝上，加入红椒、腊八豆拌匀即可。

爽口芥蓝

材料 芥蓝300克，红椒15克

调料 盐、味精、白糖、胡椒粉各3克，醋、香油各15克

做法

1. 芥蓝去皮，切片；红椒洗净切片，与芥蓝一同入开水中氽一下取出装盘。
2. 调入白糖、醋、盐、味精、胡椒粉、香油拌匀即可。

西芹苦瓜

材料 苦瓜、西芹各100克，红椒30克

调料 盐、味精各3克，香油10克

做法

1. 苦瓜去籽，洗净，切片；西芹洗净，切片；红椒洗净切菱形片。
2. 苦瓜、西芹、红椒分别入开水锅氽水，捞出装盘。
3. 调入盐、味精，淋入香油即可。

姜汁西芹

材料 西芹200克，姜10克，黄瓜20克

调料 醋、盐、味精、香油各3克

做法

1. 黄瓜洗净，切片，摆于碟上；西芹洗净去丝切斜片，摆于碟上。
2. 姜切粒，与调味料一起搅拌成姜汁。
3. 把姜汁倒于西芹上，拌匀即可。

西芹拌芸豆

材料 西芹100克，芸豆150克，甜椒30克

调料 盐3克，醋10克，糖15克

做法

1. 西芹洗净，切成斜段；甜椒洗净，切块；芸豆用清水浸泡备用。
2. 芸豆放入开水中煮熟，捞出，沥干水分；西芹、甜椒在开水中稍烫，捞出。
3. 芸豆、西芹、甜椒放入一个容器，加醋、糖、盐、香油搅拌均匀，装盘即可。

玫瑰西芹

材料 西芹300克，玫瑰适量

调料 盐3克，味精1克，醋6克，红椒少许

做法

1. 西芹洗净，切成薄片；红椒洗净，切丝。
2. 锅内注水烧沸，放入西芹片稍汆后，捞起沥干并装入盘中。
3. 加入盐、味精、醋拌匀，撒上红椒丝，用玫瑰花瓣点缀即可。

凉拌芹菜叶

材料 芹菜嫩叶250克，香豆腐干100克

调料 白糖、香油、酱油各5克，味精、盐各少许

做法

1. 芹菜叶清洗干净，放开水锅中烫一下即捞出，摊凉，沥水，剁成细末，放入菜盘中，撒上盐拌匀。
2. 香豆腐干放开水锅中烫一下，捞出，切成小丁。
3. 豆腐干丁撒在芹菜叶末上，加入酱油、白糖、香油和味精，拌匀即可。

葱油西芹

材料 西芹500克，红辣椒30克，葱油20克

调料 盐、味精各3克，香油10克

做法

1. 西芹去叶，洗净，切成斜段，放开水中氽熟，捞出沥干水。
2. 红辣椒洗净切小块，放沸水中氽熟后，捞起沥干水，与西芹一起装盘摆放好。
3. 把调味料一起放碗中，调匀成味汁，再淋在西芹和红辣椒上即可。

杂锦拌桃仁

材料 核桃仁150克，红豆、玉米粒各30克，芥蓝40克，红椒15克，黑木耳10克

调料 盐3克，味精2克，香油适量

做法

1. 芥蓝去皮，洗净，切滚刀块；红椒洗净，切块；黑木耳洗净，撕成小片。
2. 红豆、玉米粒洗净，与其他备好的材料入沸水中氽至熟后，捞出装盘。
3. 所有调味料搅匀，淋在盘中拌好即可。

蘑菇拌菜心

材料 蘑菇200克，菜心200克

调料 盐3克，味精2克，醋5克，生抽10克

做 法

1. 蘑菇洗净备用；菜心洗净备用；将蘑菇、菜心分别入水中氽熟后，捞出沥干。
2. 用盐、味精、醋、生抽调成味汁，分别淋在蘑菇与菜心上。拌匀后，再将蘑菇与菜心装入盘中即可。

米椒广东菜心

材料 小米椒50克，广东菜心200克

调料 盐3克，醋6克，生抽10克

做 法

1. 小米椒洗净，切小段，用沸水氽一下待用；菜心洗净。
2. 锅内注水烧沸，放入菜心氽熟后，捞起沥干装入盘中。
3. 盐、醋、生抽、米椒段调制成汁，浇在菜心上面即可。

生拌莜麦菜

材料 莜麦菜300克

调料 干红椒20克，盐、味精各3克，香油10克

做 法

1. 干红椒洗净，切段，入油锅稍炸后取出；莜麦菜洗净，入沸水中氽水后捞出，沥干水分，切成长短一致的长段。
2. 莜麦菜调入盐、味精拌匀。
3. 撒上干红椒，淋入香油即可。

酸辣空心菜

材料 空心菜400克

调料 盐3克，青、红泡椒各5克，陈醋4克，香油适量

做 法

1. 空心菜择去老叶，洗净。
2. 锅中加水、盐烧沸，下入空心菜烫至熟后，捞出装盘。
3. 所有调料拌匀，淋在空心菜上再次拌匀，撒上青、红泡椒即可。

拌空心菜

材料 空心菜400克，红辣椒适量

调料 盐2克，香油5克，红油8克，味精2克，醋10克，蒜末适量

做 法

1. 空心菜洗净，入水中氽熟，捞出沥干后，装盘。
2. 向盘中加入盐、香油、红油、味精、醋、蒜末拌匀即可。

雪里蕻拌椒圈

材料 雪里蕻300克，青椒50克

调料 盐、味精各1克，醋8克，香油适量

做 法

1. 雪里蕻洗净，切段；青椒洗净，切圈，用热水氽后晾干备用。
2. 雪里蕻置于沸水中氽熟后，捞出放入盘中，再放入青椒。
3. 加入盐、味精、醋、红油，拌匀即可。

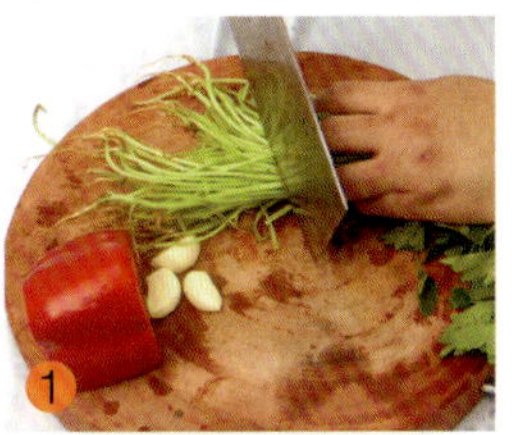

蒜蓉益母草

材料 益母草200克，蒜10克，彩椒20克

调料 青芥辣5克，鸡精2克，食用油、盐、糖各适量，香油、花生油各5克

做法

1. 益母草洗净去根切小段；蒜去皮剁成末；彩椒切细丝。
2. 锅中注入适量清水，加入少许食用油、盐、糖，待水沸，下益母草氽一下，捞出沥干水分，装入碗中。
3. 调入青芥辣、蒜蓉、盐、鸡精、香油、花生油拌匀，装入装饰盘中，撒上彩椒丝即可。

风味茼蒿

材料 茼蒿、羽叶甘蓝各150克，红椒丝20克

调料 盐、味精各3克，熟芝麻、香油各适量

做法

1. 茼蒿、羽叶甘蓝均洗净，与红椒丝分别入沸水锅中氽水后，捞出沥干。
2. 备好的材料调入盐、味精拌匀，淋入香油，撒上熟芝麻即可。

凉拌枸杞芽

材料 枸杞芽350克，枸杞10克

调料 盐3克，味精2克，香油适量

做法

1. 枸杞芽洗净；枸杞洗净，泡发。
2. 锅中加水烧沸，下入枸杞芽烫至变色后，捞出挤干水分，装盘。
3. 撒上枸杞，再加入盐、味精、香油拌匀即可。

炝拌萝卜苗

材料 萝卜苗500克，干椒50克

调料 盐4克，酱油、香油各适量

做法

1. 干椒洗净，切丝；萝卜苗洗净，去根备用。
2. 将备好的原材料放入开水中稍烫，捞出，沥干水分，放入容器。
3. 盐、酱油、香油调成味汁，倒在萝卜苗上，搅拌均匀即可。

凉拌香椿

材料 鲜香椿150克

调料 盐2克，味精2克，白糖4克，陈醋2克，酱油2克，辣椒油3克，香油2克

做法

1. 香椿切成小段，入锅汆水，捞出晾凉。
2. 盆内放入香椿、盐、味精、白糖、陈醋、酱油、辣椒油、香油，拌匀装盘即可。

凉拌龙须菜

材料 龙须菜200克，胡萝卜10克，红椒15克

调料 盐3克，味精2克，辣椒油、香油各8克，蒜、葱各5克

做法

1. 龙须菜择洗干净切段；胡萝卜去皮切丝；红椒去蒂托、籽，切丝；蒜、葱洗净切末。
2. 锅中注入适量清水，加少许盐，水沸后下龙须菜、胡萝卜丝、红椒丝氽熟，捞出放入凉水中，沥干水分，盛入碗中。
3. 调入少许盐、味精、蒜末、葱末、辣椒油、香油拌匀，装盘即可。

香油贡菜

材料 贡菜300克，红椒10克

调料 盐5克，味精3克

做法

1. 贡菜切成段；红椒洗净，切成片。
2. 锅中加水烧沸，将贡菜放入稍氽后捞出，装入碗内。
3. 碗内加入红椒片和所有调味料一起拌匀即可。

三色姜芽

材料 姜芽、圣女果、黄瓜各100克

调料 盐、味精各3克，香油适量

做法

1. 姜芽去皮，洗净；圣女果洗净，对切；黄瓜洗净，切片。
2. 姜芽、圣女果、黄瓜一起放入碗中，调入盐、味精、香油搅拌均匀即可。

客家一绝

材料 海石花250克，洋葱20克，红椒5克

调料 香菜、干红椒各5克，盐3克，味精5克，老抽10克

做法

1. 海石花泡水洗净备用；洋葱洗净，切条；红椒去蒂洗净，切丝；香菜洗净；干红辣椒洗净，切段；将海石花、洋葱、红椒分别入水中汆熟，捞出沥干，装盘。
2. 加盐、味精、老抽，撒上干红椒、香菜即可。

香辣折耳根

材料 折耳根100克

调料 盐、味精、陈醋、生抽、香油、炒辣椒粉各2克，辣椒油3克，白糖4克

做法

1. 折耳根洗干净，切成小段。
2. 折耳根放入盆内，加盐、味精、白糖、陈醋、生抽拌匀，腌一会儿。
3. 入味后放辣椒油、香油装盘，撒上炒辣椒粉即可。

拌桔梗

材料 桔梗250克

调料 辣椒粉5克，白糖3克，盐2克，醋8克，芝麻6克

做法

1. 桔梗去皮撕成条，用盐腌入味。
2. 腌过的桔梗挤去水分，放辣椒粉、白糖、醋、盐、芝麻拌匀，装入盘内即可。

农家杂拌

材料 胡萝卜、黄瓜、生菜、莴笋各50克，紫包菜适量

调料 盐3克，味精1克，醋6克，老抽10克，辣椒油15克

做法

1. 胡萝卜、黄瓜洗净，切片；莴笋去皮洗净，切丝；紫包菜洗净，切丝；所有原材料汆熟装盘。
2. 用盐、味精、醋、老抽、辣椒油调成汁，食用时蘸汁即可。

大丰收

材料 白萝卜、黄瓜、胡萝卜、生菜、圣女果、大葱各100克

调料 盐、味精各5克，酱油20克，香油10克

做法

1. 生菜、圣女果洗净；白萝卜、黄瓜、胡萝卜、大葱均洗净切长段，同生菜一起入沸水中汆熟，加入圣女果一起装盘。
2. 锅烧热加油，下各调料煮汁，食用时蘸汁即可。

川味泡菜

材料 心里美萝卜、黄椒、甜椒、胡萝卜、包菜各100克

调料 盐、子姜、白酒、花椒、八角、红糖、葱花、熟芝麻各适量

做 法

1. 心里美萝卜、胡萝卜均洗净，切块；黄椒、甜椒均去蒂洗净，切片；包菜洗净，切片。
2. 将上述原材料晾干，放入加凉开水和调味料的泡菜坛中腌渍6天，装盘，撒葱花、熟芝麻即可。

菊花百合

材料 菊花35克，百合80克

调料 蜂蜜、冰糖各8克

做 法

1. 菊花洗净，撕成小瓣，放入水中汆一下，捞起，沥干水分，装盘。
2. 百合剥瓣，去老边和心，放入开水中烫熟，晾干，与菊花拌匀。
3. 蜂蜜、冰糖、温开水拌匀，淋在菊花、百合上即可。

蜂蜜凉粽子

材料 粽子400克，枸杞5克

调料 蜂蜜100克，盐少许

做 法

1. 粽子入锅中煮熟，待凉后剥去外皮，切成薄片；枸杞以温水泡发。
2. 粽子片放入蜂蜜和盐水调成的蜂蜜水中浸泡1小时，取出摆盘。
3. 放上枸杞即可。

红油酸菜

材料 酸菜 250 克，红辣椒 5 克，红油适量

调料 盐 2 克，香油 5 克，蒜 10 克，糖少许

做法

1. 酸菜切成段；蒜去皮切成蓉状；红辣椒洗净切段。
2. 用凉开水将切好的酸菜冲洗干净。
3. 切好的红辣椒、调味料搅拌成糊状，和酸菜拌匀即可。

凉拌鲜榨菜

材料 鲜榨菜 500 克

调料 盐 5 克，味精 3 克，蒜 5 克，麻辣酱 10 克

做法

1. 榨菜削去外皮后，切成薄片；蒜去皮，剁成蓉。
2. 榨菜用盐腌渍 5 分钟后，挤去水分。
3. 麻辣酱、蒜蓉和其他调味料一起拌匀即可。

1

2

3

辣鸡汁大芥菜

材料 大芥菜200克

调料 盐3克，蒜、白砂糖各5克，红椒10克，豆瓣酱、辣椒汁各适量，鸡精2克，食用油15克

做法

1. 大芥菜洗净去蒂托切丝；蒜切蓉；红椒切末。
2. 锅中注入适量清水，加入少许食油、白砂糖、盐，烧沸，下大芥菜，汆熟，捞出过凉水，沥干水分，装盘。
3. 净锅倒入油烧热，放入蒜蓉、红椒末、豆瓣酱炒香，再调入盐、鸡精、辣椒汁、白砂糖，搅拌均匀成辣鸡汁，淋入盘中即可。

青椒拌百合

材料 百合500克，青椒20克

调料 盐5克，油8克，味精3克

做法

1. 百合掰开后洗净，切去两端黑色部分；青椒洗净，切成小片。
2. 锅中加水烧沸，下入百合和青椒片稍汆后，捞出，装入碗内。
3. 所有调味料一起加入碗内与百合拌匀即可。

凉拌虎皮椒

材料 青椒、红椒各150克，葱10克

调料 盐5克，酱油3克，老抽5克

做法

1. 青椒、红椒洗净后分别切去两端蒂头。
2. 锅盛油加热后，下入青椒、红椒炸至表皮松起状时捞出，盛入盘内。
3. 虎皮椒内加入所有调味料一起拌匀即可。

凉拌青红椒丝

材料 青椒、红椒各150克

调料 盐5克，味精3克，姜20克

做法

1. 青椒、红椒洗净后，去蒂、去籽，切成丝；姜去皮，切成丝。
2. 青椒、红椒丝内加入盐腌渍5分钟后，挤去盐水。
3. 再加入姜丝和所有调味料一起拌匀即可。

凉拌韭菜

材料 韭菜250克，红辣椒15克

调料 酱油、白糖各10克，香油少许

做法

1. 韭菜洗净，去头尾，切5厘米左右长段；红辣椒去蒂和籽，洗净，切小片备用。
2. 所有调味料放入碗中调匀备用。
3. 锅中倒入适量水煮开，将韭菜放入烫1分钟，用凉开水冲凉后沥干，盛入盘中，撒上红辣椒及配好的调料即可。

蒜汁捞木瓜

材料 木瓜250克，胡萝卜100克，青瓜少许

调料 蒜、彩椒各10克，白醋、香油各5克，盐、鸡精各3克

做法

1. 木瓜、胡萝卜洗净，去皮切丁；彩椒去蒂和籽，青瓜洗净，都切菱形片。
2. 锅中加适量清水，烧沸，下切好的原材料，汆熟，捞出，沥干，盛入碗中。
3. 蒜切碎，加白醋、盐、鸡精、香油，拌匀，调入装木瓜的碗中拌匀即可。

冰糖椰肉

材料 椰肉200克

调料 冰糖100克

做法

1. 椰肉洗净切条；冰糖敲碎备用。
2. 锅上火，注适量清水，水沸后下椰肉，汆约5分钟，捞出沥干水分。
3. 净锅上火，倒入敲碎的冰糖和汆后的椰肉，边搅拌边加入水，直至冰糖溶化，盛出装盘即可。

拌五色时蔬

材料 胡萝卜150克，心里美萝卜200克，黄瓜150克，凉皮200克，香菜少许，熟肉丝少量

调料 盐、味精各3克，醋适量

做法

1. 胡萝卜洗净，切丝；心里美萝卜去皮洗净，切丝；黄瓜洗净，切丝；香菜洗净，切段；将胡萝卜丝、心里美萝卜丝入水中汆熟。
2. 把调味料调匀，将胡萝卜丝、心里美萝卜丝、黄瓜丝摆盘底，凉皮放置其上，最上面撒上熟肉丝、香菜段，淋上调味料即可。

白萝卜泡菜

材料 白萝卜250克，莴笋100克，红辣椒50克

调料 子姜10克，盐、红糖、白酒各20克，白醋50克，老姜10克

做法

1. 子姜和老姜去皮洗净切块，把调味料放坛中备用。
2. 凉开水注入坛中；各种原材料洗净，切成长方条，晾干水分，放入坛内用盖子盖严。
3. 泡菜坛子放室外凉爽处1~2天，即可取出食用。食用时可依个人口味淋上红油、撒上葱花即可。

冰镇三蔬

材料 黄瓜、胡萝卜、西蓝花各150克，冰块800克

调料 盐3克，味精2克，酱油10克

做法

1. 黄瓜洗净，去皮，切薄长片；胡萝卜洗净，切薄长片；西蓝花洗净备用。
2. 西蓝花放入开水中，稍烫，捞出，沥干水；盐、味精、酱油、凉开水调成味汁装碟。
3. 备好的材料放入装有冰块的冰盘中冰镇，食用时蘸味汁即可。

清凉三丝

材料 芹菜丝、胡萝卜丝、大葱丝、胡萝卜片各适量

调料 盐、味精各3克，香油适量

做法

1. 芹菜丝、胡萝卜丝、大葱丝、胡萝卜片分别入沸水锅中氽水后，捞出。
2. 胡萝卜片摆在盘底，其他材料摆在胡萝卜片上，调入盐、味精拌匀。
3. 淋上香油即可。

1

2

3

泡青萝卜

材料 青萝卜 200 克

调料 盐 2 克，糖、辣椒粉各 5 克，味精 3 克，蒜 15 克

做 法

1. 萝卜去头尾，用凉开水洗净，切成长条。
2. 用少许盐腌渍，变软为止，再用凉开水冲洗，以去掉盐分，沥干水分。
3. 把辣椒粉和所有调味料搅拌成糊状，倒入青萝卜中，拌匀即可。

朝鲜泡菜

材料 白萝卜300克，包菜、胡萝卜各100克

调料 盐15克，辣椒粉50克，酱油20克，生姜、大蒜、虾酱各适量

做法

1. 白萝卜洗净，去皮，切片；包菜洗净，切块；胡萝卜洗净，切片备用。
2. 上述原材料晾干水分，放入加有盐、辣椒粉、酱油、生姜、大蒜、虾酱、凉开水的泡菜坛中腌渍2天至发酵，装盘即可。

风味萝卜皮

材料 白萝卜500克，红辣椒10克

调料 蒜30克，小米椒、生抽各20克，陈醋15克，盐30克，白糖50克，葱花10克，香油适量

做法

1. 白萝卜洗净取皮，切块，用盐腌渍2小时，再用水将盐冲净；蒜拍碎；小米椒切碎，与生抽、陈醋、盐、白糖拌匀，装坛，加凉开水。
2. 1天后取出萝卜皮；红辣椒切粒；将香油烧热，浇在盘中，撒葱花、红辣椒粒即可。

爽口萝卜

材料 白萝卜150克，青椒5克，黄甜椒3克

调料 盐、味精、醋各5克，生抽10克

做法

1. 白萝卜洗净，去皮，切成条，放入水中氽一下水，捞出，晾干；青椒、黄甜椒洗净，去籽，切丝。
2. 碗中放上盐、醋，用清水调匀，放入萝卜腌渍4个小时，捞出，沥干水分，装盘。
3. 青椒、黄甜椒、盐、味精、生抽调匀，浇在萝卜上即可。

醋泡樱桃萝卜

材料 樱桃萝卜500克，红尖椒30克，陈醋30克

调料 盐5克，味精3克，香油10克

做法

1. 樱桃萝卜洗净，切十字花刀，放沸水中汆熟，装盘晾凉。
2. 红尖椒洗净，切成椒圈。
3. 把椒圈、陈醋和其他调味料一起放入碗内，调匀成味汁，均匀地淋在樱桃萝卜上即可。

香菜拌心里美

材料 心里美萝卜600克，香菜、黄瓜各50克

调料 盐4克，鸡精2克，糖15克，醋20克，香油适量

做法

1. 心里美萝卜洗净，去皮，切丝；香菜洗净，切段；黄瓜洗净，切薄片放盘沿作装饰。
2. 心里美萝卜加盐腌出水，挤掉水分，用清水冲洗几遍，加醋、糖、鸡精、香油搅拌均匀。
3. 放入香菜搅拌均匀，装盘即可。

香菜胡萝卜丝

材料 胡萝卜500克，香菜20克

调料 盐4克，味精2克，生抽8克，香油适量

做法

1. 胡萝卜洗净，切丝；香菜洗净，切段备用。
2. 胡萝卜丝放入开水中稍烫，捞出，沥干水分，放入容器。
3. 香菜加入胡萝卜丝，加盐、味精、生抽、香油搅拌均匀，装盘即可。

珊瑚萝卜卷

材料 泡胡萝卜300克，泡白萝卜200克

调料 红油10克

做法

1. 泡胡萝卜切细丝，泡白萝卜切薄片，备用。
2. 用切好的白萝卜片把胡萝卜丝包起，卷成萝卜卷，切菱形段。
3. 切好的萝卜段摆入盘中，淋上红油即可。

酱萝卜干

材料 萝卜干300克

调料 盐3克，味精1克，醋8克，酱油15克

做法

1. 萝卜干洗净；将盐、味精、醋、酱油调制成酱汁待用。
2. 锅内注水烧沸，放入萝卜干汆熟后，捞起沥干放入碗中，再用调好的酱汁腌渍20分钟。
3. 捞出装入盘中即可。

泡心里美

材料 心里美萝卜400克

调料 泡椒水80克，糖20克，盐3克

做法

1 心里美萝卜洗净，去皮，切条备用。

2 盐加入心里美萝卜中，腌出水分，将萝卜用清水清洗几次，捞出，沥干水分，放入容器。

3 加泡椒水、糖到容器中，搅拌均匀，腌好装盘即可。

糖醋心里美

材料 心里美萝卜800克

调料 白糖、白醋各15克

做法

1 心里美萝卜去皮，洗净切细丝备用。

2 心里美萝卜丝沥干水分，装入一个容器中，调入白糖、白醋。

3 拌匀后腌渍5分钟装盘即可。

酸拌心里美

材料 心里美萝卜300克

调料 盐3克，味精1克，醋6克，生抽10克

做法

1 心里美萝卜洗净，切片。

2 锅内注水烧沸，放入萝卜片氽熟后，捞起沥干装入盘中。

3 加入盐、味精、醋、生抽拌匀即可。

爽脆心里美

材料 心里美萝卜 200 克

调料 蜂蜜 15 克，白糖 20 克

做法

1. 心里美萝卜洗净，去皮，切成小块，入水中汆一下；碗中放入白糖、清水、心里美萝卜，腌渍 60 分钟。
2. 蜂蜜用温水调匀，做成味汁。
3. 味汁淋在萝卜上即可。

胡萝卜丝瓜酸豆角

材料 丝瓜、胡萝卜、酸豆角各 80 克

调料 味精、盐各 3 克，香油、生抽各 10 克

做法

1. 丝瓜洗净，去皮和瓜瓤，切成小段，放入开水中烫熟，放入盘中。
2. 胡萝卜洗净，去皮，切成小段，放入水中汆一下；酸豆角洗净，切成小段。
3. 味精、盐、香油、生抽调匀，淋在丝瓜、胡萝卜、酸豆角上即可。

山西泡菜

材料 白萝卜、胡萝卜各150克，青、红椒片各20克

调料 盐、味精各3克，泡红椒末、红油、醋各15克

做 法

1. 白萝卜、胡萝卜均去皮，洗净切片。
2. 盐、味精、醋加适量清水调匀，投入白萝卜、胡萝卜与青、红椒片浸泡 1 天。
3. 将白萝卜、胡萝卜与青、红椒片取出，加泡红椒末、红油拌匀即可。

韩式白萝卜泡菜

材料 白萝卜 250 克，生菜叶 2 片

调料 葱、蒜各 30 克，嫩姜 20 克，辣椒粉 50 克，盐、香油各 5 克，糖 3 克

做 法

1. 白萝卜洗净，切大块；葱洗净切段；嫩姜去皮切末；蒜去皮切末。
2. 白萝卜放盐，腌1小时后用冷开水洗去盐分，沥干水后放入小坛内，再加入其他调味料拌匀，密封，腌渍 3 天。
3. 食用时搭配新鲜生菜叶即可。

三色泡菜

材料 胡萝卜 400 克，莴笋 250 克，包菜 100 克

调料 盐 150 克，生姜 20 克，白酒 50 克，大蒜 25 克，红椒 100 克，红糖 30 克

做 法

1. 胡萝卜洗净，切丁；莴笋洗净去皮，切丁；包菜洗净备用。
2. 备好的原材料晾干，和所有调料一起放进盛有凉开水的泡菜坛中密封 5 天，捞出装盘即可。

滇味泡菜

材料 白萝卜100克，胡萝卜、莴笋各80克

调料 盐3克，味精、香油、油辣椒各2克，白糖适量

做法

1. 白萝卜、胡萝卜、莴笋去皮、洗净，放入泡菜坛泡1天后取出。
2. 白萝卜切成薄片，胡萝卜、莴笋切丝，用白萝卜片把胡萝卜丝、莴笋丝卷起来，斜刀切出装盘，另取胡萝卜刻花，放在中间。
3. 盐、味精、白糖、香油、油辣椒调成味碟跟上即可。

辣白菜

材料 白菜、萝卜、水芹菜、芥菜、牡蛎各适量

调料 葱丝、辣椒粉、糖、蒜泥、姜泥、盐各适量

做法

1. 白菜用手掰断，放粗盐腌渍。
2. 白菜、萝卜、水芹菜、芥菜洗净切丝。
3. 在萝卜丝上撒上泡湿的辣椒粉，调拌均匀，放入蔬菜和牡蛎，加调料，轻拌后入盐。
4. 用白菜叶将其围裹后放在坛子里；倒入所剩调料，最后将白菜压实即可。

炝拌娃娃菜

材料 娃娃菜500克

调料 盐、味精、生抽、熟芝麻、干辣椒、香油各适量

做法

1. 娃娃菜洗净，入开水稍烫，捞出，沥干水分，切成丝，放入容器。
2. 干辣椒入油锅中炝香，加盐、味精、生抽炒匀，淋在娃娃菜上拌匀，撒上熟芝麻，淋上香油装盘即可。

爽口娃娃菜

材料 娃娃菜100克，红椒5克

调料 泡椒5克，盐3克，味精5克，醋、生抽各10克

做法

1. 娃娃菜洗净，撕成小片，放入开水中烫熟；红椒洗净，切成小段；泡椒切开。
2. 盐、味精、醋、生抽调成味汁。
3. 味汁淋在娃娃菜上，放上红椒、泡椒即可。

豆腐皮拌豆芽

材料 豆腐皮300克，绿豆芽200克，甜椒30克

调料 盐4克，味精2克，生抽8克，香油适量

做法

1. 豆腐皮、甜椒洗净，切丝；绿豆芽洗净，掐去头尾备用。
2. 备好的材料放入开水中稍烫，捞出，沥干水分，放入容器里。
3. 往容器里加盐、味精、生抽、香油搅拌均匀，装盘即可。

五彩素拌菜

材料 绿豆芽、豌豆苗、香干、土豆、甜椒各100克

调料 盐3克，生抽8克，香油适量

做法

1. 绿豆芽洗净备用；豌豆苗洗净备用；香干洗净，切丝；土豆去皮洗净，切丝；甜椒去蒂洗净，切丝。将所有原材料入水中氽熟。
2. 备好的材料放入容器内，加盐、生抽、香油拌匀，装盘即可。

花生松柳芽

材料 花生米50克，松柳芽100克

调料 盐、味精各3克，香油适量

做法

1. 松柳芽洗净，入开水锅中汆水后，捞出沥干；花生米洗净。
2. 油锅烧热，下花生米炸熟。
3. 松柳芽、花生米同拌，调入盐、味精拌匀，再淋入香油即可。

凉拌野苜蓿

材料 苜蓿300克

调料 盐3克，味精1克，醋8克，生抽10克，干辣椒少许

做法

1. 苜蓿洗净；干辣椒洗净，切斜段。
2. 锅内注水烧沸，放入苜蓿汆熟后，捞起沥干并装入盘中。
3. 锅中加油烧热，下入干辣椒，加入盐、味精、醋、生抽炝匀，淋在苜蓿上即可。

凉拌藜蒿

材料 藜蒿300克，红椒少许

调料 盐3克，味精1克，醋8克，生抽10克

做法

1. 藜蒿洗净，切长段；红椒洗净，切丝。
2. 锅内注水烧沸，放入藜蒿、红椒汆熟后，捞起晾干并装入盘中。
3. 加入盐、味精、醋、生抽拌匀即可。

意式拌菜

材料 小油菜50克、包菜100克，紫包菜100克，熟花生米50克，圣女果适量，熟芝麻少许

调料 盐3克，味精2克，醋5克，生抽10克

做法

1. 小油菜、包菜、紫包菜洗净撕开；圣女果洗净。
2. 小油菜、包菜、紫包菜入沸水中汆熟，沥干后同圣女果、熟花生一起放入碗中。
3. 加入盐、味精、醋、生抽、熟芝麻拌匀即可。

博士居大拌菜

材料 紫包菜、青椒、红椒、黄瓜、粉丝、包菜、胡萝卜、豆腐皮各80克

调料 盐4克，味精2克，生抽8克，香油适量

做法

1. 紫包菜、青椒、红椒、黄瓜、胡萝卜、包菜、豆腐皮均洗净切丝；粉丝泡发好。
2. 以上原材料用沸水汆熟后，沥干入盘。
3. 加盐、味精、生抽、香油搅拌均匀即可。

农家乐大拌菜

材料 紫包菜、青菜、圣女果各100克

调料 盐3克，味精1克，醋6克，熟芝麻少许

做法

1. 紫包菜、青菜洗净，撕片；圣女果洗净，切圈。
2. 紫包菜、青菜入沸水中汆熟同圣女果一起装盘。
3. 加入盐、味精、醋拌匀，撒上熟芝麻即可。

蔬果拌菜

材料 紫包菜、柠檬、橙子、樱桃萝卜、梨各适量

调料 野山椒 10 克，盐 3 克，味精 2 克，醋 5 克

做法

1. 紫包菜洗净撕片；柠檬、橙子、梨、樱桃萝卜均洗净切片。
2. 紫包菜、樱桃萝卜汆熟同其他原材料一起装盘。
3. 加入盐、醋、味精、野山椒拌匀即可。

爽口桑叶

材料 桑叶 120 克，花生米 25 克

调料 干红椒 5 克，盐 4 克，香油、生抽各 8 克

做法

1. 桑叶洗净切碎，入水中烫熟；干红椒洗净切碎；花生米洗净。
2. 油锅烧热，花生米爆熟，加干红椒，入盐、香油、生抽炒香，将花生米、干红椒淋在桑叶上即可。

兰州泡菜

材料 包菜 400 克

调料 盐 20 克，白酒 10 克，干辣椒 25 克，盐 30 克，八角、桂皮各适量

做 法

1. 包菜剥去外层老叶，洗净，沥干水分。
2. 所有调料加适量清水入锅中煮开，待凉后倒入泡菜坛中，装入包菜。
3. 泡制 7 天后，捞出切丝即可。

千层包菜

材料 包菜 700 克，红椒 50 克，青椒 25 克

调料 盐 4 克，味精 2 克，酱油 8 克，醋 5 克，香油适量，姜末 15 克

做 法

1. 包菜整个洗净，切成 4 份；青椒洗净，切末；红椒洗净，一部分切末，一部分切丝。
2. 备好的原材料放入开水中稍烫，捞出，沥干水，装盘。
3. 姜末、盐、味精、酱油、醋、凉开水调成味汁，淋在包菜上，浇上香油即可。

美味白菜

材料 大白菜400克，红椒15克

调料 盐3克，味精、白糖、芥末膏各1克，白醋4克，干辣椒2克

做法

1. 大白菜去叶，把梗切成片，用盐水腌半小时后冲水；干辣椒制成辣椒油，红椒切成片。
2. 盐、味精、白糖、芥末膏、辣椒油调成味汁。
3. 冲过水的大白菜装入盘中，红椒片摆在上面，淋上味汁即可。

泡包菜

材料 包菜100克，胡萝卜40克，八角、桂皮、泡椒各少许

调料 盐、味精各1克，白醋5克

做法

1. 包菜洗净，切成片状；胡萝卜去皮，洗净，切片。
2. 锅内放水，放入八角、桂皮、盐、味精、泡椒，烧沸后，转用小火炖煮，调出味，加入少许醋，盛出放凉。
3. 切好的包菜和胡萝卜放入冷却的调料中泡制1天，捞出即可。

麻辣泡菜

材料 包菜200克，青辣椒、红辣椒各15克，大蒜10克，胡萝卜150克

调料 盐2克，味精、辣椒油各适量，糖少许

做法

1. 包菜、青辣椒、红辣椒、胡萝卜均洗净切成片，大蒜剁成蓉状。
2. 切成片的原材料用盐腌5个小时。
3. 取出洗净的原材料，将调味料搅拌成糊状，和包菜等拌匀即可。

什锦泡菜

材料 包菜200克，白萝卜80克，青辣椒、红辣椒各10克，胡萝卜适量

调料 盐2克，味精、糖、醋各适量

做法

1. 包菜切成片；胡萝卜、白萝卜切块。
2. 上述原材料用盐腌制5个小时。
3. 用凉开水将腌好的原材料洗净，沥干水分，再用糖醋水泡5个小时即可。

炝拌三丝

材料 莴笋500克，黄瓜250克，红辣椒50克

调料 花椒油25克，盐15克，醋10克，葱花、姜末各5克

做 法

1. 莴笋削去皮洗净，直刀切成细丝；黄瓜洗净，切丝；红辣椒洗净，也切成丝。
2. 三种丝放入盘内，浇上花椒油，加入盐、醋、葱花、姜末拌匀即可。

麻辣莴笋

材料 莴笋300克，干辣椒100克

调料 盐、酱油各3克，味精2克，芝麻油5克，花椒4克

做 法

1. 莴笋去皮洗净切条；干辣椒去蒂、籽，切段。
2. 锅中加水烧开，下入莴笋条汆透捞出，放入碗内，加入盐、味精拌腌入味。
3. 用油将花椒和干辣椒用小火炸成深紫色时拣去花椒，烹入酱油，倒入莴笋条内拌匀即可。

凉拌苦瓜

材料 苦瓜300克

调料 盐2克，味精1克，醋5克，生抽8克

做法

1. 苦瓜洗净，剖开，去瓤、去籽，切片。
2. 锅内注水烧沸，放入苦瓜片汆熟后，捞起沥干并装入盘中。
3. 加入盐、味精、醋、生抽拌匀即可。

糖醋黄瓜卷

材料 黄瓜500克

调料 白醋20克，糖50克，盐5克，味精3克，香油10克

做法

1. 把洗净的黄瓜切成段，然后沿着黄瓜皮往里削，尽量把黄瓜皮削薄。
2. 把削好的黄瓜皮层层包卷起来。
3. 把调味料一起放进碗里拌匀，调成汁，淋在黄瓜皮上面即可。

蜜汁红枣

材料 红枣300克

调料 白糖50克，食用油适量

做法

1. 红枣择洗净后，入水中泡至发胀。
2. 锅上火，加油烧热，下入白糖炒成糖水后，下入红枣熬至糖分干掉。
3. 盛入盘中即可。

凉拌芦笋

材料 芦笋300克，蒜蓉、红椒各10克

调料 盐3克，鸡精2克，香油5克

做法

1. 芦笋洗净切小段；红椒洗净切小菱形片。
2. 锅上火，注入适量清水，加少许盐，待水沸，下芦笋汆熟，捞出放入凉水中浸约2分钟后，捞出沥干水分，调入蒜蓉、盐、鸡精、香油拌匀即可。

冰脆山药片

材料 山药 400 克

调料 白糖 10 克

做法

1. 山药去皮洗净，切成片。
2. 锅内注水，旺火烧开后，将山药片放入开水中汆一下，捞出排入盘中。
3. 撒上白糖，放入冰箱中冰镇后取出即可。

薄切西红柿

材料 西红柿 400 克，生菜 30 克

调料 糖 30 克

做法

1. 西红柿洗净；生菜洗净，放盘中备用。
2. 西红柿放入开水中稍烫一下，捞出，去皮，切片。
3. 切好的西红柿放在生菜上，糖装入小碟供蘸食即可。

酸辣北风菌

材料 北风菌300克，青椒、红椒各10克

调料 盐、鸡精各2克，辣椒油10克，香油5克，花椒10克，蒜、葱、姜各5克

做法

1. 北风菌洗净；姜切末；蒜去皮切末；辣椒去蒂托、籽，切小丁；葱洗净分别切段和末。
2. 锅上火，加适量清水，放入姜、葱段、盐、鸡精，水烧沸后下北风菌及辣椒丁汆熟，捞出冲凉水，沥干水分后，盛入碗里。
3. 碗内调入辣椒油、香油、蒜末、葱末、盐、鸡精、花椒拌匀，装盘即可。

油吃花菇

材料 花菇200克，干椒15克

调料 盐、红油各5克，味精、姜各3克

做法

1. 花菇入水中泡开后，切成两半；干椒剪成小段；姜去皮，切片。
2. 锅上火，加油烧热，下入姜片、干椒炒香后，加入花菇一起炒匀。
3. 花菇盛入盘内，淋入红油，加入盐、味精一起拌匀即可。

凉米线

材料 米线200克

调料 盐、陈醋、辣椒各3克，味精、生抽、香油、姜末、蒜泥各2克，白糖4克，花生米、香菜、葱花各5克

做法

1. 米线用开水烫过之后晾凉；盐、味精、白糖、陈醋、生抽、香油、姜末、蒜泥调成味汁。
2. 把调好的味汁浇到米线上，放入辣椒、花生米、葱花、香菜即可。

葱白拌双耳

材料 水发黑木耳100克，水发银耳150克，葱白50克

调料 花生油50克，盐5克，味精2克，白糖1克

做法

1. 炒锅置火上，放入花生油，烧热，把切成小段的葱白投入，改用小火，用手勺不断翻炒，待其色变深黄后，连油盛在小碗内，冷却后即成葱油。
2. 黑木耳和银耳放在一起，用开水烫泡一下后，捞出，切成小块。
3. 装入盘内，加入盐、糖、味精拌匀，再倒入葱油，拌匀即可。

风味袖珍菇

材料 袖珍菇200克

调料 盐、味精各3克，酱油、香油各适量

做法

1. 袖珍菇洗净备用。
2. 锅入水烧开，放入袖珍菇汆水后，捞出沥干水分，装盘。
3. 调入盐、味精拌匀，淋上酱油、香油稍拌即可。

凉拌韭菜结

材料 韭菜200克

调料 盐3克，味精1克，醋8克，老抽10克，香油12克

做法

1. 韭菜洗净，头部打成结。
2. 锅内注水烧沸，放入韭菜结氽熟后，捞起晾干装入盘中。
3. 用盐、味精、醋、老抽、香油调成味汁，淋在韭菜结上即可。

青豆拌小白菜

材料 小白菜200克，青豆100克

调料 盐3克，味精1克，醋6克，黄、红甜椒各适量

做法

1. 小白菜洗净，撕成片；青豆洗净；黄、红甜椒洗净，切片，用沸水氽熟备用。
2. 锅内注水烧沸，分别放入青豆与小白菜氽熟后，捞起装入盘中。
3. 加入盐、味精、醋拌匀，撒上黄、红甜椒片即可。

拌海白菜

材料 海白菜 300 克，剁辣椒 20 克

调料 盐 5 克，味精 3 克

做法

1. 海白菜放入沸水中煮熟后，捞出。
2. 锅中加油烧热，下入剁辣椒炒香后盛出。
3. 炒好的剁辣椒和所有调味料一起加入海白菜中拌匀即可。

拌海带丝

材料 海带 200 克，尖椒 10 克

调料 盐、味精各 2 克，香油 5 克，葱 10 克，蒜 5 克

做法

1. 海带洗净，切丝；葱择洗净，切丝；蒜去皮，剁蓉；尖椒切细丝。
2. 锅中注适量水，待水开，放入海带丝稍氽，捞出沥水。
3. 摆盘，加入葱丝、蒜蓉、尖椒丝拌匀，再调入盐、味精，淋上香油即可。

炝拌海带结

材料 海带结 150 克

调料 盐 2 克，香油、辣椒粉、芝麻、姜各 5 克

做法

1. 海带结在清水中泡 6 个小时，中途换水 3 次；姜洗净切末。
2. 海带结在烧开的水中煮 5 分钟，捞出沥干水分。
3. 切好的原材料、调味料搅拌成糊状，抹在海带结上即可。

煮花生米

材料 花生米 500 克，胡萝卜 50 克

调料 盐 10 克，酱油 8 克，八角适量，香油少许

做法

1. 胡萝卜洗净，切圆片，放入沸水中稍烫，捞出，沥干水分。
2. 花生米放入加了盐、八角的水中煮熟后，捞出。
3. 花生米、胡萝卜片放入容器里加酱油、香油拌匀，码盘即可。

三色桃仁

材料 核桃仁80克，玉米粒、西芹、胡萝卜、红豆各适量

调料 盐、味精各3克，香油10克

做法

1. 玉米粒、红豆均洗净，入沸水锅煮熟后捞出；西芹、胡萝卜均洗净，切片。
2. 核桃仁、玉米粒、西芹片、胡萝卜片、红豆调入盐、味精拌匀，淋入香油即可。

咸菜毛豆

材料 咸菜300克，毛豆50克

调料 香油20克，盐3克，食用油适量

做法

1. 咸菜切成小段（2~3厘米）；毛豆氽水捞起，放入冷水中。
2. 取锅洗净烧热，加入食用油炝锅，咸菜、盐入锅炒出香味，淋上香油出锅。
3. 咸菜凉后加入毛豆，拌在一起装盘即可。

香脆腰果

材料 腰果 500 克

调料 盐 5 克

做法

1. 腰果放在凉水中泡几分钟后，捞出。
2. 锅上火，加油烧沸，下入腰果炸至酥脆时，捞出沥油。
3. 在腰果内加入盐，拌匀即可。

白糖蒜

材料 蒜 500 克，白糖 250 克

调料 盐 100 克

做法

1. 鲜蒜去根、须，剥去皮后，切去两蒂。
2. 蒜放在清水中泡 5~7 天，每天换 1 次水，减少部分辣味；将泡过的蒜用盐腌 1 天，倒 1 次缸，捞出晒干。
3. 锅内加水、白糖、盐煮开，再晾凉；将处理好的蒜装坛，倒入糖水，封口，每天摇动1次，每周开口通风 1 次，50 天后食用即可。

糖醋凉薯

材料 凉薯 300 克，香菜少许

调料 香油、白糖、白醋各 10 克，盐、味精各 3 克

做法

1. 凉薯洗净，剥去皮，先切成大薄片，再改刀成小片，放盘内；香菜去根，洗净，切成短段。
2. 凉薯片加上盐拌匀，腌 30 分钟，滗出水。
3. 加入白糖、味精、香油和白醋拌匀，撒上香菜即可。

油炸豆腐拌粉条

材料 油炸豆腐150克，菠菜80克，粉条50克

调料 红油、醋、酱油、盐、味精各适量

做法

1. 油炸豆腐洗净，切丝；菠菜洗净，去根；粉条泡发。
2. 锅中加水烧沸，下入菠菜、粉条分别烫熟后，与油炸豆腐丝一起装盘。
3. 所有调味料一起拌匀，浇入盘中即可。

特色拉皮

材料 拉皮400克，生菜50克，西蓝花20克

调料 盐4克，醋10克，生抽8克，葱花12克

做法

1. 所有原材料洗净，改刀，入水氽熟。
2. 拉皮加醋、盐、葱花、生抽拌匀。
3. 拌好的拉皮放在装有生菜的盘中，以西蓝花点缀即可。

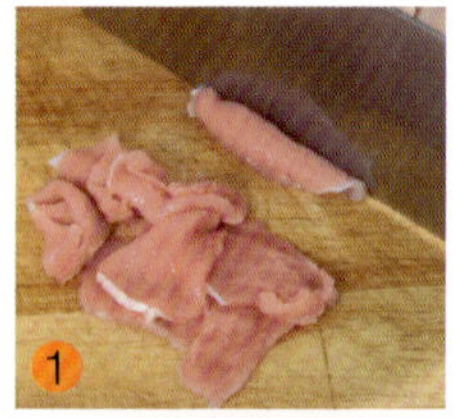

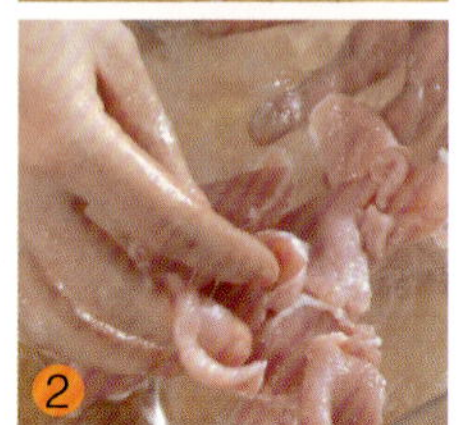

拌里脊肉片

材料 猪里脊肉 250 克，鸡蛋 70 克

调料 盐、酱油、醋、白砂糖、香油、湿淀粉、清鸡汤各适量，蒜泥、姜末各少许

做法

1. 里脊肉洗净沥水，切成柳叶片；鸡蛋取蛋清备用。
2. 里脊肉用盐、鸡蛋清、湿淀粉上浆。
3. 5分钟后投入沸清鸡汤中，烫至变色断生，捞出沥干水，放入盘中。
4. 酱油、醋、白砂糖、蒜泥、香油、姜末和少许清鸡汤调匀，浇在里脊肉片上拌匀即可。

蒜泥白肉

材料 猪臀肉 500 克，蒜泥 25 克

调料 酱油、辣油各 20 克，白糖 2 克，清汤、姜、香醋各 5 克，盐 1 克，味精 4 克

做法

1. 猪臀肉洗净。
2. 锅上火，加入适量清水，放入少许姜，水沸后下猪臀肉，氽熟捞出，沥干，切成薄片，整齐地装入盘内。
3. 小碗内放入蒜泥、酱油、白糖、盐、味精、辣油、清汤，调匀后，浇在白肉片上面即可。

1

2

3

麻辣猪天梯

材料 猪天梯500克，青椒、红椒各10克

调料 盐2克，鸡精1克，辣椒油、香油各10克，白酒、花椒各少许，蒜15克，香菜、姜片各5克

做 法

1. 猪天梯洗净切条；青椒、红椒去蒂、去籽，切丝；蒜去皮剁蓉；香菜洗干净切末。
2. 锅上火，加入适量清水，放入少许白酒、姜，水沸后下猪天梯，汆熟捞出，沥干水分，装入碗中。
3. 调入盐、鸡精、花椒、辣椒油、香菜末、蒜蓉、香油拌匀，摆盘即可。

折耳根拌腊肉

材料 腊肉300克，折耳根200克，辣椒面20克

调料 盐、香油、陈醋、蒜、香菜各5克，味精3克，鸡精2克，辣椒油10克

做 法

1. 折耳根洗净切成小段；腊肉洗净切成小片，下入八成热油温中过油后，捞出。
2. 香菜洗净切段；蒜剁成蓉。
3. 腊肉、折耳根、香菜段、蒜蓉和其他调味料一起拌匀即可。

心有千千结

材料 芥菜120克，鱿鱼150克

调料 红辣椒酱10克，醋、糖、盐、松仁粉各适量

做法

1. 芥菜去叶，洗净，将芥菜梗在沸腾的盐水中氽好后，用冷水冲洗。
2. 鱿鱼去皮，在鱿鱼肉上刻网状的痕，然后将鱿鱼切丝，在沸腾的盐水中氽熟。将各种调味酱拌在一起，制成鲜辣酱。
3. 用氽过水的芥菜梗将鱿鱼绑成结，用红辣椒酱做蘸酱即可。

拌虾米

材料 虾米100克，红椒20克，西芹适量

调料 姜、葱各10克，盐5克，鸡精2克

做法

1. 红椒洗净去蒂、去籽，切小片汆水备用；姜去皮洗净切片；葱洗净切圈；西芹洗净切丁；虾米洗净。
2. 锅加热，下入虾米炒香后，取出装碗。
3. 在虾米碗内加入红椒片、姜片、葱、西芹及其余调味料，一起拌匀即可。

香葱拌海肠

材料 海肠、香葱各适量

调料 盐、醋、酱油、香油、青椒片、红椒片各适量

做法

1. 海肠治净，切段，入沸水锅中汆熟，捞起过凉，控净水分；香葱洗净，切段；青椒片、红椒片均汆水后取出。
2. 备好的材料调入盐、醋、酱油拌匀，再淋入香油即可。

凉拌海参

材料 海参150克

调料 盐3克，醋15克，老抽10克，大蒜、葱适量

做法

1. 海参洗净，切条；大蒜洗净，切成蒜蓉；葱洗净，切成葱花。
2. 锅内注水烧沸，放入海参汆熟后，捞出晾干。
3. 加盐、醋、老抽充分拌匀后，撒上蒜蓉、葱花即可。

北海太子参

材料 太子参150克

调料 香油、辣椒油、花椒油、盐、葱、姜、蒜、香菜各5克，味精3克，鸡精2克

做法

1. 太子参洗净切成块状；葱、姜、蒜切末；香菜洗净，切末。
2. 锅中加水烧沸后，下入太子参稍汆后捞出。
3. 葱、姜、蒜、香菜和其他调味料一起加入太子参中拌匀即可。

1

2

3

果丁酿彩椒

材料 彩椒20克，苹果80克，橙子、杧果各70克，奇异果50克

调料 沙拉酱、茄汁各50克

做法

1. 彩椒横腰切开，去籽雕花；所有水果切细丁。
2. 取一个碗，倒入茄汁和沙拉酱拌匀。
3. 切好的果丁装入盘中，调入备好的沙拉酱拌匀，装入彩椒里，摆盘即可。

果蔬沙拉

材料 圣女果、菠萝、黄瓜、梨、生菜各适量

调料 沙拉酱适量

做法

1. 生菜洗净，放在碗底；梨、黄瓜洗净，去皮，切成小圆段；菠萝去皮，洗净，切成块；圣女果洗净，对切备用。
2. 所有的原材料放入碗中，淋上沙拉酱即可。

夏威夷木瓜沙拉

材料 夏威夷木瓜 300 克，蟹柳适量

调料 千岛酱适量

做法

1. 夏威夷木瓜去籽，洗净，用刀刻成十字花。
2. 蟹柳撕成条形，摆放在木瓜上面。
3. 调入千岛酱拌匀即可。

地瓜包菜沙拉

材料 地瓜 200 克，包菜 30 克，黄瓜、西红柿各 150 克

调料 沙拉酱适量

做法

1. 包菜洗净；黄瓜洗净，切小段；西红柿洗净，掰小块；地瓜洗净，去皮，切块。
2. 包菜入沸水中稍烫，盛入盘中。
3. 备好的原材料放入盘中，食用时蘸取沙拉酱即可。

厨师沙拉

材料 芝士片1片，熟火腿、熟鸡肉、熟牛肉、生菜各50克

调料 千岛汁50克

做法

1 芝士片、火腿、鸡肉、牛肉洗净切成长条。

2 生菜洗净切丝，垫入盘底，依次将牛肉条、芝士片、鸡肉条、火腿条放入。

2 调入千岛汁即可。

火腿沙拉

材料 鸡蛋80克，包菜150克，火腿100克，罐头玉米、西红柿、黄瓜各50克

调料 沙拉酱适量

做法

1 包菜洗净，切丝，入开水中稍烫，捞出，沥干水分，放盘中。

2 黄瓜、西红柿洗净，切片；火腿切丁，入开水稍烫，捞出；鸡蛋煮熟，去壳，切瓣。

3 将上述食材放入盘中，加入罐头玉米和沙拉酱即可。

芦笋鲍鱼沙拉卷

材料 芦笋200克，草虾100克，鲍鱼罐头150克，胡萝卜、火腿、生菜各50克，西红柿适量

调料 沙拉酱适量

做法

1. 草虾洗净，虾背上插入牙签，放入开水中煮熟后去壳；芦笋去老梗，洗净，切斜段；鲍鱼切粗条，放入滚水汆烫，捞出，浸入冷开水中待凉。
2. 胡萝卜去皮，生菜洗净，均切丝；西红柿洗净，切成半月形。全部盛在盘中。
3. 火腿片摊开，分别加入芦笋、鲍鱼及草虾，卷成圆筒状，盛放在胡萝卜、西红柿及生菜上，食用时淋上沙拉酱即可。

第三部分

心福口福 快手小炒

家常烹调三十六技，旺火快炒最为普及，小炒最能体现中式菜肴“色、香、味、形”的诱人特质。中国老百姓的餐桌上，不论何时，素小炒、肉小炒、荤素搭配炒，都必不可少。我们在此将为大家介绍各种小炒的实用窍门，让入厨者现学现用，为日常餐膳增添美味。

枸杞炒玉米

材料 甜玉米粒300克，水发枸杞100克

调料 盐、味精、水淀粉各适量

做法

1. 甜玉米粒和枸杞分别用开水汆一下。
2. 炒锅加油烧热，倒入甜玉米粒、枸杞、盐、味精一起翻炒，用水淀粉勾芡即可。

玉米炒芹菜

材料 玉米200克，扁豆、芹菜、圣女果各100克，红椒、百合各50克

调料 盐、鸡精、酱油各适量

做法

1. 所有原材料治净，切块。
2. 锅中加入水烧开，分别将玉米、扁豆汆水后，捞出沥干。
3. 锅下油烧热，放入玉米、扁豆、芹菜炒至五成熟时，放入圣女果、红椒、百合一起炒，加盐、鸡精、酱油调味，炒熟装盘即可。

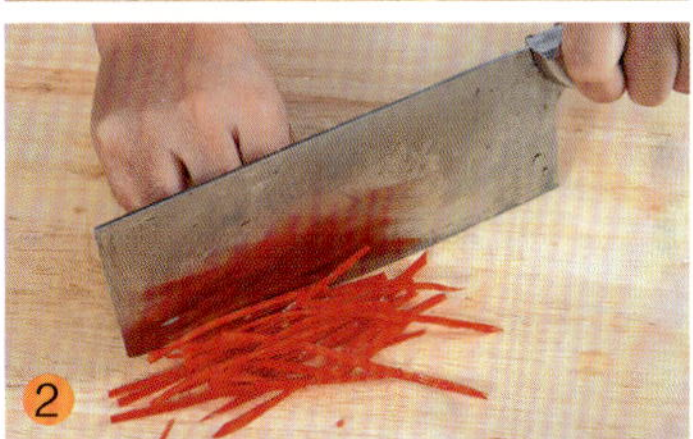

土豆丝炒红辣椒

材料 土豆300克，红辣椒25克

调料 盐、味精、花椒粒、醋、葱花各适量

做法

1. 土豆去皮切丝，氽一下，捞出，用凉水过凉。
2. 红辣椒洗净，去籽切成丝。
3. 油烧热，下花椒粒炸焦，然后捞出，下葱花、红辣椒丝快炒，下土豆丝炒匀，加盐和醋，再炒匀，放入味精炒匀即可。

土豆炒雪菜

材料 土豆200克，雪菜、豆腐干、花生仁各100克

调料 葱花、蒜末各10克，酱油、盐各5克，味精少许

做法

1. 土豆去皮洗净，切丁，氽熟后捞出；雪菜洗净切末；花生仁煮熟；豆腐干切丁。
2. 加油烧热，先炒香葱花、蒜末，再下土豆丁，开大火翻炒，放入酱油、盐，土豆上色后倒入雪菜、豆腐干丁、花生仁翻炒，炒至所有材料熟后加味精调味即可。

女士小炒

材料 土豆、红薯各200克，胡萝卜1个，腰果50克

调料 橙汁300毫升，白糖10克，白醋20克

做法

1. 土豆、红薯、胡萝卜洗净削皮切菱形块。
2. 锅上火，倒入油烧热，放入备好的原材料，炸至金黄，捞出。
3. 净锅上火，倒入橙汁，加入白糖、白醋，待糖溶，倒入炸好的原材料炒匀即可。

荷兰豆金针菇

材料 荷兰豆、金针菇各100克，青辣椒、红辣椒各20克

调料 盐3克，生抽10克

做法

1. 金针菇洗净，汆水，晾干；荷兰豆、青辣椒、红辣椒均洗净，切丝，一同汆水后沥干。
2. 油锅烧热，加入青辣椒、红辣椒炒香，放入金针菇、荷兰豆，翻炒至熟后，加入盐、生抽调味，同炒30秒，起锅装盘即可。

鱼露炒什菇

材料 鸡腿菇、茶树菇、莴笋、香菇、彩椒各适量

调料 鱼露 50 克，盐 4 克，味精 2 克

做法

1. 莴笋洗净削皮切片；彩椒洗净去蒂籽切片。
2. 鸡腿菇、茶树菇、香菇洗净，切块后，放入沸水中汆烫，捞出沥水。
3. 炒锅上火，油烧热，炒香彩椒，放入原材料及调味料，炒香入味即可。

青豆炒滑子菇

材料 滑子菇 150 克，红椒、青豆各适量

调料 葱花、蒜末、酱油、盐、水淀粉、香油各适量

做法

1. 红椒洗净切段；滑子菇先用清水泡 10 分钟，洗净，汆水；青豆洗净，汆水。
2. 锅里放适量的油，放入葱花、蒜末、红椒段煸香，下入滑子菇、青豆翻炒，调入酱油、盐，快出锅时用水淀粉勾芡，淋入香油即可。

莴笋香菇

材料 莴笋100克，香菇、胡萝卜各80克

调料 盐、味精、生抽、香油各适量

做法

1. 莴笋去皮洗净，切片；香菇洗净，切块；胡萝卜洗净，切片；莴笋、香菇、胡萝卜放入沸水锅汆水后捞出。
2. 油锅烧热，下入莴笋、香菇、胡萝卜同炒。
3. 调入盐、味精、生抽炒熟，起锅淋入香油即可。

徽式双冬

材料 小青菜30克，冬笋250克，冬菇150克，火腿10克

调料 盐、味精各5克

做法

1. 小青菜洗净改刀，一分为二；冬笋洗净改刀为片；冬菇洗净去蒂；火腿切块。
2. 改刀以后的原料放在一起汆水，然后入油锅爆炒。
3. 起锅前加调味料入味即可。

草菇炒笋

材料 草菇250克，笋尖100克，胡萝卜50克

调料 白糖、生姜各3克，盐6克，味精、绍酒、湿淀粉各5克

做法

1. 笋尖、胡萝卜洗净去皮切片；草菇根部刻十字形花刀洗净；生姜洗净切片。
2. 水烧开，放入笋段、胡萝卜片、草菇汆水。
3. 净锅下油，下姜片、胡萝卜片爆香，放入笋片、草菇，放入绍酒，调入盐、味精、白糖炒匀，用湿淀粉勾芡即可。

土豆炒四季豆

材料 四季豆、土豆各80克，蒜2瓣，红椒10克

调料 香油、酱浇汁各少许

做法

1. 四季豆洗净切段；土豆洗净去皮切条；蒜去皮剁蓉；红椒洗净去蒂切丝。
2. 水烧开，放入四季豆汆烫，捞出冲冷水，另取一锅，油烧热，放入四季豆稍炒后盛出。
3. 油烧热，放入土豆炸至金黄色，摆盘，放入四季豆，淋上香油、酱浇汁即可。

烧虎皮豆腐

材料 豆腐250克，菜心100克

调料 葱丝、姜丝、酱油、盐、味精、胡椒粉、上汤、淀粉各适量

做法

1. 豆腐洗净切条；菜心洗净。
2. 油烧热，加入豆腐条炸至金黄，用热油淋菜心。
3. 锅中留油，爆香葱丝、姜丝，加入胡椒粉煸炒，溢出香味后加入上汤、酱油、盐、味精、豆腐条、菜心烧制，用淀粉勾芡后，淋入少许油出锅即可。

西芹炒豆腐干

材料 西芹500克，豆腐干150克

调料 葱段25克，盐、味精各适量

做法

1. 西芹、豆腐干分别洗净切片，放盘。
2. 西芹汆水，再用冷水冲洗，沥干水。
3. 油烧热，放入葱段、豆腐干、西芹煸炒，加盐炒入味，点入味精炒匀，出锅装盘即可。

麻婆豆腐

材料 豆腐300克，花椒10克，辣椒油25克

调料 盐、豆瓣酱、淀粉、葱花、姜、蒜各5克

做法

1. 豆腐洗净切成四方小丁，汆熟；姜、蒜洗净，均切成末。
2. 油烧热，下入豆瓣酱炒至出味，下入辣椒油、花椒和水，最后下入豆腐烧5分钟，下入其他调味料后勾芡，撒上葱花即可。

青椒臭干

材料 青椒25克，臭干250克

调料 盐4克，味精5克

做法

1. 青椒洗净改刀切成丝；臭干切成丝。
2. 热锅入油，入臭干炒，然后放青椒一起炒，加盐、味精炒入味起锅即可。

农家豆腐

材料 豆腐200克，肉末、尖椒、姜末少许

调料 盐、味精、辣椒油、香油、料酒各适量

做法

1. 豆腐洗净切块；肉末用盐、料酒、姜末腌渍；尖椒洗净切圈。
2. 油锅烧热，炒香尖椒，另起油锅，入豆腐块炸至两面脆黄，加盐、味精、辣椒油调味，加水煮开，加入肉末，淋香油，拌匀后盛起即可。

韭菜炒豆腐

材料 韭菜200克，豆腐300克

调料 辣椒酱、淀粉各10克，盐3克，红椒5克

做法

1. 韭菜洗净切段；豆腐洗净切块；红椒洗净切圈；淀粉加水拌匀。
2. 锅中倒油烧热，入红椒圈爆香，下韭菜段炒熟，加豆腐块和盐翻炒。
3. 倒入辣椒酱，加水淀粉勾芡即可。

胡萝卜炒茭白

材料 胡萝卜、茭白各300克

调料 大葱15克，酱油5克，盐3克，鸡精1克

做法

1. 胡萝卜、茭白洗净均汆水，捞出切丝；大葱洗净切斜段。
2. 锅倒油烧热，爆香葱段，倒入茭白丝、胡萝卜丝一起翻炒。
3. 调入酱油、盐、鸡精调味，炒匀即可。

红枣炒竹笋

材料 竹笋、水发木耳、红枣、青豆、胡萝卜各适量

调料 番茄酱100克，红薯粉、白糖各5克，盐3克，味精2克

做法

1. 水发木耳切丝；红枣洗净去核；青豆洗净；竹笋洗净切小块。
2. 竹笋、胡萝卜汆水，捞出；锅置火上，油烧热，下笋略炒后，捞出。
3. 烧热油，入水发木耳、竹笋、胡萝卜和红枣锅内拌炒熟，下入白糖、盐、味精和番茄酱，红薯粉加水拌匀后放入锅内翻炒均匀盛盘即可。

鱼香笋丝

材料 冬笋500克，蒜苗50克，干辣椒2个

调料 料酒、酱油、蒜泥、白糖各适量，淀粉3克

做法

1. 冬笋洗净后去掉笋尖，切丝；蒜苗切成与笋丝同样长短的条；干辣椒切成末。
2. 油烧热，投入笋丝，慢焐至熟，然后将蒜苗滑入，迅速捞出。
3. 留油，入蒜泥和干辣椒煸香，倒料酒、白糖和笋丝翻炒数下，勾芡，装盘即可。

酸菜炒粉皮

材料 包菜、粉皮各200克

调料 鸡精、盐、生抽、陈醋、白糖、干辣椒、葱段各适量

做法

1. 包菜洗净沥干水分，放入冷开水里，以浸盖住包菜为准，加入陈醋、盐、白糖、干辣椒浸泡一天即成酸菜；酸菜切片；粉皮切片。
2. 热锅下油，下入酸菜炒至五成熟，再下入粉皮、干辣椒、葱段翻炒至熟，调入盐、生抽、鸡精即可。

酸菜炒粉条

材料 酸菜100克，粉条300克，蒜苗80克

调料 盐3克，生抽、鸡精各适量

做法

1. 酸菜洗净，切丝；蒜苗洗净，切段；粉条放入沸水中煮熟后过冷水沥干。
2. 热锅放油，加入酸菜丝、蒜苗段、粉条翻炒至熟，调入盐、鸡精、生抽炒匀即可。

野菜大合炒

材料 蕨菜、滑子菇、木耳各150克

调料 盐3克，味精2克，鸡精1克，水淀粉10克，料酒、酱油各8克，葱段10克

做法

1. 蕨菜、滑子菇、木耳洗净，蕨菜切段。
2. 锅上火，加入清水，烧沸，放入备好的野菜，过水。
3. 锅上火，加入油，放入葱炒香，放入野菜，翻炒，调入调味料，炒匀入味，勾芡即可。

芦笋扒冬瓜

材料 芦笋、冬瓜各适量

调料 盐、味精、鲜汤、湿淀粉各适量

做法

1. 芦笋洗净切段；冬瓜削皮洗净，切条。
2. 芦笋放沸水锅里氽透，捞出，浸泡后，捞出。
3. 油烧热，加芦笋、冬瓜条略翻动一下，加入鲜汤、味精、盐，猛火煮沸后改为小火煨烧，再改猛火用湿淀粉勾芡，出锅装盘即可。

火龙果黄金糕

材料 火龙果 1 个，黄金糕 100 克，芦笋、彩椒丁各 50 克

调料 葱段、盐、姜片各 5 克，柠檬汁、糖各 10 克

做法

1. 火龙果去皮取肉切成丁状；黄金糕切成丁。
2. 黄金糕用中火煎至两面呈金黄色备用。
3. 锅上火，爆香葱段、姜片，倒入芦笋丁、彩椒、火龙果、黄金糕炒匀，加入调味料炒入味，勾芡即可。

咸菜炒尖椒

材料 尖椒200克，红椒50克，咸菜80克

调料 盐3克，鸡精2克

做法

1. 尖椒、红椒均去蒂洗净，切条；咸菜洗净，切碎。
2. 热锅下油，入尖椒、红椒、咸菜一同翻炒片刻，加盐、鸡精调味。
3. 炒至断生后，起锅盛盘即可。

红椒小炒菜薹

材料 菜薹250克，红椒100克

调料 生抽10克，盐、味精各5克，香油10克

做法

1. 菜薹洗净，切成粒待用；红椒洗净，切成椒圈待用。
2. 锅加油烧热，然后放进红椒圈爆炒，下菜薹、生抽一起滑炒，炒至熟，下盐、味精，炒匀，淋上香油装盘即可。

西芹炒胡萝卜

材料 西芹 250 克，胡萝卜 150 克

调料 香油 10 克，盐 3 克，鸡精 1 克

做法

1. 西芹洗净，切菱形块，入沸水锅中汆水；胡萝卜洗净，切成粒。
2. 锅注油烧热，放入芹菜爆炒，再加入胡萝卜粒一起炒匀，至熟。
3. 调入香油、盐和鸡精调味即可。

炒大蒜须

材料 大蒜须 150 克，红椒 5 只

调料 盐 2 克，味精 1 克，酱油 2 克，葱、姜、蒜各 5 克

做法

1. 大蒜须洗净；葱洗净切丝；红椒洗净切段；姜洗净切丝；蒜剁蓉。
2. 锅内放油烧热，爆香葱丝、姜丝、红椒段、蒜蓉，再放入大蒜须，用小火炒香。
3. 调入盐、味精、酱油，炒匀至入味，起锅装盘即可。

辣味茭白

材料 茭白250克，辣椒50克

调料 盐5克，味精1克，葱花、蒜蓉各5克

做法

1. 茭白洗净后切成细丝；辣椒洗净切成条。
2. 锅中加水烧开，下入茭白丝稍汆后捞出。
3. 起锅烧油，下入蒜蓉、葱花、辣椒爆香后加入茭白丝一起拌炒，待熟后调入盐、味精即可。

彩椒木耳山药

材料 红椒、青椒、黄椒50克，山药100克，水发木耳50克

调料 盐3克

做法

1. 红椒、青椒、黄椒洗净，去籽切块；山药洗净，去皮切片；水发木耳洗净，撕成小朵。
2. 锅中倒油烧热，放入所有原料，翻炒。
3. 调入盐，炒熟即可。

片片枫叶情

材料 莴笋尖6条，莴笋500克

调料 盐、味精各8克，淀粉3克

做法

1. 莴笋尖切成条状，莴笋切成片，再将二者在开水中过水。
2. 锅中放入油，把过水后的莴笋尖和莴笋片放入锅中炒1分钟，加入盐、味精，再炒1分钟。
3. 用淀粉勾芡后盛盘即可。

大刀苦瓜

材料 苦瓜300克

调料 盐、生抽、豆豉、红辣椒、蒜头各适量

做法

1. 苦瓜去瓤洗净，切成条状，入开水中汆至断生；红辣椒洗净，切圈；蒜头洗净，去皮，切蓉。
2. 锅置火上，放油烧至六成热，下入红辣椒、蒜头炒香，再下入苦瓜，翻炒均匀。
3. 加入盐、生抽、豆豉调味，盛盘即可。

素回锅肉

材料 冬瓜250克，红辣椒、蒜苗各适量

调料 盐5克，味精5克，白糖2克，豆瓣酱5克，老抽5克，湿淀粉、生姜适量

做法

1. 冬瓜去皮、去籽，切长片，用淀粉拌匀；红辣椒洗净切片；蒜苗洗净切段；生姜去皮，切片。
2. 烧热油，下入冬瓜片，炸至金黄色捞起。
3. 油烧热，放入姜片、豆瓣酱、红辣椒片、蒜苗段，翻炒；加入炸好的冬瓜片，调入调味料，用中火炒透，用湿淀粉勾芡，倒入碟内即可。

琥珀冬瓜

材料 冬瓜200克，核桃仁100克

调料 白糖、冰糖各适量

做法

1. 冬瓜洗净，削皮去瓤，切成菱形片。
2. 油烧热，放入白糖、冰糖、少许清水烧沸，再放入冬瓜片，用旺火烧约10分钟，用小火慢慢收稠糖汁。
3. 冬瓜缩小时，入核桃仁，装盘即可。

蒜香茄子

材料 茄子 300 克

调料 葱 1 根，姜 1 小块，白糖、豆瓣酱各 20 克，酱油、料酒各 10 克，盐 5 克，蒜少许

做法

1. 茄子切块，放水中浸泡 10 分钟，捞出沥水；葱洗净斜切成丝；姜洗净切片；蒜洗净切片。
2. 锅烧油，倒入蒜片炒香，再下茄块炸成金黄色，下入豆瓣酱和其他调味料，炒匀即可。

蒜炒茄丝

材料 茄子 400 克，白芝麻 3 克

调料 蒜、葱各 10 克，辣椒酱 5 克，盐 2 克

做法

1. 茄子洗净切条，蒸软备用；蒜、葱分别洗净切碎；白芝麻洗净沥干。
2. 锅中倒油烧热，下入蒜炸香，再下茄子条炒熟。
3. 加入盐、辣椒酱和白芝麻炒匀至入味，出锅撒上葱花即可。

百合南瓜

材料 鲜百合1包，小南瓜半个

调料 盐2克，味精3克，淀粉10克

做法

1. 南瓜洗净去皮切块；百合洗净备用。
2. 锅中注水适量，烧至沸，放入南瓜、百合汆烫，捞出沥水。
3. 油烧热，放入南瓜、百合，调入盐、味精炒匀，用淀粉勾芡即可。

白果炒南瓜

材料 南瓜300克，白果100克，鲜百合80克

调料 盐、味精、白糖、红椒丝、水淀粉各适量

做法

1. 鲜百合洗净；南瓜去皮，洗净，切成菱形片，放进开水中煮熟；白果洗净。
2. 鲜百合和白果分别用沸水汆熟。
3. 热烧油，下入南瓜片、白果、鲜百合、红椒丝同炒熟，加调味料，水淀粉勾芡即可。

清炒娃娃菜

材料 娃娃菜300克

调料 盐、味精、料酒、香油、蒜、红椒各适量

做法

1. 娃娃菜洗净；蒜去皮洗净，切片；红椒洗净，切碎。
2. 油锅烧热，入蒜、红椒炒香，放入娃娃菜炒片刻。
3. 调入盐、味精、料酒炒匀，淋入香油即可。

蒜蓉木耳菜

材料 木耳菜300克，蒜20克

调料 盐5克，味精3克

做法

1. 木耳菜洗净；蒜去皮剁成蓉。
2. 锅中加油烧热，下入蒜蓉爆香，再加入木耳菜翻炒至熟，调入盐、味精即可。

芥菜青豆

材料 芥菜100克，青豆200克，红椒1个

调料 香油20克，芥末油10克，盐、味精、淀粉各适量

做法

1. 芥菜择洗净，汆水后切成末；红椒去蒂、去籽，切粒。
2. 青豆洗干净，放入沸水中煮熟，捞出。
3. 油烧热，加入芥菜末、芥末油、香油、盐、味精和青豆，炒熟，用淀粉勾芡即可。

芽菜炒四季豆

材料 四季豆500克，芽菜50克

调料 红尖椒10克，盐、葱、姜、蒜、酱油各5克

做法

1. 四季豆撕去筋，洗净沥干；红尖椒洗净切成段；葱、姜、蒜洗净切碎。
2. 油烧热，放入四季豆炸至表皮起皱后盛起。
3. 油烧锅，下红尖椒段、葱末、姜末、蒜末、芽菜爆香，再下入四季豆一起煸炒，最后调入酱油、盐炒匀即可。

干煸四季豆

材料 四季豆500克

调料 老抽8克，干辣椒碎、花椒各10克，盐3克，葱花、姜末、蒜末各适量

做法

1. 四季豆择净，放入油锅中炸熟备用。
2. 锅上火，油烧热，放入姜末、蒜末、干辣椒碎、花椒炒香。
3. 放入四季豆，调入老抽、盐，炒匀撒上葱花即可。

白果炒四鲜

材料 白果、木耳各100克，红豆、西芹、百合各20克

调料 盐3克，味精1克，清汤适量

做法

1. 西芹洗净，切段；木耳、百合洗净，撕成小片；洗过的红豆、白果分别汆水后捞出。
2. 锅内放油，放入木耳、白果、红豆、西芹段，加少许清汤煸炒。
3. 最后加入百合翻炒至熟，调入盐、味精即可。

板栗炒西芹

材料 西芹、熟板栗各300克

调料 盐3克，味精1克

做法

1. 西芹洗净，斜切成小段；熟板栗去壳、去皮，洗净。
2. 锅中倒水烧开，放入西芹段汆烫后捞出，沥干水分。
3. 另起锅倒油烧热，放入西芹段、板栗翻炒，加入盐、味精炒至入味，出锅即可。

西芹炒双果

材料 百合80克，西芹50克，腰果、白果各100克

调料 盐3克，白糖5克

做法

1. 百合切去头尾，分开数瓣；西芹洗净，切丁；腰果和白果分别洗净。
2. 热油，放入腰果炸至酥脆，捞起；另放油烧热，放入白果及西芹丁，大火翻炒约1分钟。
3. 再放入百合、盐、白糖，大火翻炒约1分钟，盛出，撒上放凉的腰果即可。

西芹炒百合

材料 百合100克，西芹300克

调料 盐3克，鸡精2克，红椒适量

做法

1. 西芹洗净，切成菱形块；百合洗净，掰成小瓣。
2. 把西芹块、百合放入沸水氽水，烫熟捞起。
3. 热锅下油，下入西芹、百合、红椒翻炒熟，放入盐、鸡精调味即可。

丝瓜滑子菇

材料 丝瓜350克，滑子菇20克，红椒少许

调料 盐、鸡精、淀粉、香油各适量

做法

1. 丝瓜洗净去皮切成长条；滑子菇洗净；红椒洗净，切成片。
2. 锅中加油烧热，爆香红椒片，加入丝瓜条翻炒至熟软。
3. 再加入滑子菇翻炒至熟，加调味料翻炒至入味即可。

鸡油丝瓜

材料 鸡油20克，丝瓜100克

调料 盐3克，香油10克，味精5克，红辣椒20克

做法

1. 丝瓜去皮，洗净，切成滚刀块，用温水汆过后晾干备用；红辣椒洗净，切成片。
2. 锅置于火上，注入鸡油烧热后，放入丝瓜、红辣椒翻炒，再调入剩余调料炒匀即可。

拔丝香蕉

材料 香蕉200克

调料 白糖适量，鸡蛋1个，淀粉50克

做法

1. 香蕉去皮后切成小段备用；鸡蛋打散。
2. 香蕉段撒少许的淀粉，拌匀，再将鸡蛋和剩下的淀粉拌匀，下入香蕉段裹上一层蛋糊，入油锅炸至金黄色。
3. 锅中放少许油，下入白糖炒至有糖丝时，下入炸好的香蕉，炒匀即可。

葱油炒芋头

材料 芋头500克

调料 葱末10克，盐、味精各2克，葱15克

做法

1. 芋头洗净，切成小块；葱洗净切成段。
2. 炒锅置旺火上，放油烧热，下葱段炸黄炸香，捞出葱段，盛出葱油。
3. 下芋头块、盐、味精，炒透至芋头光滑发烫，加入葱末及盛出的葱油，炒至葱香扑鼻时盛出，装盘即可。

臊子蛋

材料 鸡蛋4个，肉末100克，木耳末、榨菜末各50克

调料 盐、葱花、玉米粉各适量

做 法

1. 鸡蛋打散，加盐、玉米粉搅匀；肉末、木耳末、榨菜末各取一半，与蛋糊混合均匀。
2. 蛋糊入油锅煎至金色装盘，划成小块；炒散肉末，放木耳、榨菜、葱花，加盐调味，盛起放在煎蛋上即可。

木耳炒蛋

材料 鸡蛋1个，湿木耳50克

调料 盐、酱油各少许

做 法

1. 木耳洗净，切好；鸡蛋打散。
2. 油平均分布于锅中，开中火，待锅热后入木耳稍炒，再加入蛋拌炒至熟。
3. 最后加入盐、酱油调味即可。

苦瓜炒蛋

材料 苦瓜200克，鸡蛋3个，红椒适量

调料 盐3克，香油10克

做 法

1. 鸡蛋磕入碗中，搅匀；苦瓜、红椒均洗净，切片。
2. 油锅烧热，倒入鸡蛋液炒熟后盛起；锅内留油烧热，下苦瓜、红椒翻炒片刻。
3. 再倒入鸡蛋同炒，调入盐炒匀，淋入香油即可。

蛋丝银芽

材料 鸡蛋3个，豆芽300克，红辣椒1个，葱2根

调料 盐、胡椒粉各5克，鸡精3克，香油6克

做法

1. 鸡蛋打散，加少许盐；红辣椒洗净，切丝；葱洗净切花；豆芽洗净。
2. 油烧热，入鸡蛋液，摊成蛋饼，煎至金黄色后，盛起，切成鸡蛋丝。
3. 留底油，下入豆芽和红椒丝，炒熟后，调入盐、鸡精、胡椒粉和香油，起锅，盛入盘中，盖上鸡蛋丝，撒上葱花，即可。

彩椒腊肠

材料 腊肠、彩椒各 300 克

调料 盐 2 克，葱 20 克

做法

1. 腊肠洗净，切片；彩椒洗净切片；葱洗净切段。
2. 腊肠稍烫后捞起，沥干水；油锅烧热，放入腊肠、彩椒稍炸，捞起沥油。
3. 净锅倒油加热，炒匀腊肠、彩椒和盐，撒葱即可。

青椒肉末

材料 青椒 300 克，瘦肉末 200 克

调料 姜、盐各 5 克，蒜、味精各 3 克

做法

1. 青椒洗净切成小块；姜、蒜洗净均剁成蓉。
2. 锅中加油烧热，下入姜、蒜爆香，再下入肉末炒至变色。
3. 加入青椒继续炒至熟后，调入盐、味精，炒匀即可。

黄瓜炒火腿

材料 黄瓜 300 克，火腿 150 克

调料 盐 5 克，味精 3 克，姜末 3 克

做法

1. 黄瓜洗净，切成块状；火腿切成片。
2. 锅上火，加油烧热，下入黄瓜块滑炒片刻，加入火腿片同炒。
3. 加入姜末，炒至熟后，加入盐、味精炒匀即可。

肉丝炒干蕨菜

材料 猪瘦肉、干蕨菜各 200 克

调料 香油 10 克，葱段、姜片、蒜片、盐各 5 克

做法

1. 干蕨菜泡发洗净切成段，氽水备用。
2. 瘦肉切成丝，过油。
3. 锅上火，油烧热，放入葱段、姜片、蒜片炒香，放入蕨菜、肉丝，调入盐、香油，炒匀入味即可。

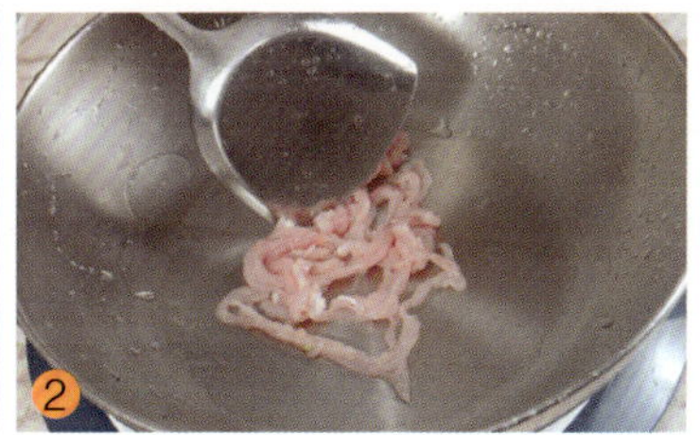

酸白菜炒肉丝

材料 里脊肉100克，粉丝30克，蛋清适量，酸白菜半棵，辣椒1个

调料 盐、香油各5克，淀粉少许，高汤100克，葱15克

做法

1. 里脊肉、酸白菜、辣椒均洗净切丝；葱洗净切段；粉丝浸冷水泡软。
2. 肉丝加蛋清和淀粉拌匀，锅中放入油烧至七成热，放入肉丝滑油至变色，立即捞起，锅中再注油烧热，放入葱段爆香，加入酸白菜丝、盐和高汤拌炒均匀。
3. 再放入肉丝、辣椒丝、粉丝拌炒至汤汁略收，淋入香油出锅即可。

腌白菜炒猪肉

材料 白菜300克，猪肉、姜、红辣椒各适量

调料 盐、淀粉、白糖、胡椒、酒、酱油各适量

做法

1. 白菜的茎与叶分开洗净，用盐腌渍；猪肉、姜洗净切细丝；红辣椒洗净切末。
2. 猪肉加入酒和酱油腌渍入味，再撒上淀粉拌匀；锅中油烧热，爆香红辣椒、姜丝。
3. 转用中火加入肉丝同炒，待肉变色，添加白菜一起拌炒，最后加入调料味即可。

酸豆角炒肉末

材料 猪瘦肉300克，酸豆角200克

调料 盐3克，醋10克，红辣椒、葱、味精各适量

做法

1. 猪肉洗净，切成肉末；酸豆角洗净，切成丁；红辣椒、葱洗净，切段。
2. 炒锅置于火上，注油烧热，放入肉末翻炒，再加入盐、醋继续拌炒至肉末熟时，放入酸豆角、红辣椒、葱段翻炒。
3. 再放入味精，起锅装盘即可。

苦尽甘来

材料 苦瓜200克，雪菜300克，瘦肉250克

调料 盐、鸡精、味精、淀粉各适量

做法

1. 苦瓜洗净切块；雪菜洗净切碎；瘦肉洗净腌30分钟。
2. 水烧开，放入苦瓜氽烫至熟。
3. 热锅下油，放入雪菜、瘦肉、苦瓜炒匀，调入调味料，淀粉勾芡即可。

雪里蕻肉末

材料 新鲜雪里蕻150克，猪肉100克

调料 蒜10克，干辣椒5克，盐5克，白糖2克

做法

1. 猪肉洗净剁成末；蒜洗净切末；雪里蕻洗净切细，入加了盐、白糖的沸水里氽熟，晾凉。
2. 油下锅，炒散肉末，加蒜末、干辣椒炒香，再加入雪里蕻略炒。
3. 加盐、白糖调味，起锅装盘即可。

蒜苗肉末

材料 蒜苗50克，瘦肉150克

调料 盐6克，味精5克，红干椒10克，豆豉6克

做法

1. 瘦肉洗净剁成碎末；蒜苗择洗净，切成小段。
2. 烧锅下油，下入肉末、红干椒爆炒2分钟，再下入蒜苗、豆豉，大火快炒至熟，加入盐、味精调味即可。

红三剁

材料 西红柿、青椒、猪肉各80克

调料 料酒10克，盐、鸡精各3克，姜粉适量

做法

1. 猪肉洗净，剁碎，加入姜粉拌匀；西红柿洗净，剁碎；青椒洗净，去籽后剁碎。
2. 锅内放油，放入西红柿和青椒，再将肉末平铺在菜上，盖盖待锅边冒出蒸汽后，开盖翻炒片刻，调入调味料，出锅即可。

台湾小炒

材料 猪肉、香干各150克，芹菜、黄瓜各适量

调料 盐3克，鸡精2克，红椒、酱油各适量

做法

1. 猪肉洗净切丝；香干、红椒洗净切条；芹菜洗净切段；黄瓜洗净切片。
2. 油烧热，放入猪肉，加入酱油炒至变色，下香干、黄瓜、芹菜和红椒炒至熟。
3. 加入盐和鸡精调味，炒匀装盘即可。

井冈山豆皮

材料 豆皮50克，瘦肉末10克

调料 葱花5克，盐、蒜蓉、白糖、红椒各适量

做法

1. 豆皮洗净切大块；红椒洗净切丁；豆皮入油锅中炸好，铲起。
2. 锅留少许油，将蒜蓉、肉末煸炒，下料酒，加10克水，再倒入豆皮、红椒，加调料翻炒匀，起锅后撒上葱花即可。

土豆小炒肉

材料 土豆250克，猪肉100克

调料 辣椒、盐、味精、水淀粉、酱油各适量

做法

1. 土豆洗净去皮，切块；辣椒洗净，切片。
2. 猪肉洗净，切片，加盐、水淀粉、酱油拌匀。
3. 油烧热，入辣椒炒香，放肉片煸炒至变色，放土豆炒熟，入酱油、盐、味精调味即可。

西红柿肉片

材料 猪瘦肉300克，豌豆、冬笋、西红柿各适量

调料 盐6克，味精3克，淀粉10克

做法

1. 冬笋、西红柿洗净切块；豌豆洗净；猪肉洗净切片，加盐、味精、淀粉拌匀。
2. 锅中油烧热，下肉片滑散后捞出。
3. 锅内留油，下入西红柿、冬笋、豌豆炒匀，加盐调味，待沸后勾芡即可。

湘西小炒肉

材料 猪肉200克

调料 味精、糖、生抽、淀粉、蚝油各10克，辣椒、豆瓣酱、姜、蒜各适量

做法

1. 猪肉洗净切片，放入调味料腌渍好；辣椒洗净切片；姜洗净切丝；蒜去皮剁蓉。
2. 油烧热，爆香姜、蒜、辣椒，再入豆瓣酱炒香。
3. 再放入猪肉炒至熟，入调味料，用淀粉勾芡即可。

眉州辣子

材料 猪肉350克，干红辣椒50克

调料 盐3克，白芝麻10克，鸡精、酱油、醋各适量

做法

1. 猪肉洗净，切块；干红辣椒洗净，切段。
2. 起油锅，入干红辣椒、白芝麻炒香，再放入猪肉一起煸炒，加盐、鸡精、酱油、醋调味，炒熟装盘即可。

干豇豆回锅肉

材料 五花肉400克，干豇豆100克，郫县豆瓣10克

调料 青椒丝、红椒丝各20克，白糖、老抽、盐各适量

做法

1. 五花肉煮熟，取出晾凉切成薄片。
2. 干豇豆泡发，洗净切成段，和青椒丝、红椒丝入油锅炒香。
3. 锅上火，油烧热，放入切好的回锅肉炒干，加入豆瓣炒香，调入盐、白糖、老抽，加入豇豆、椒丝炒匀入味即可。

咕噜肉

材料 五花肉300克

调料 洋葱片、青椒片、红椒片各40克，番茄酱10克，淀粉适量

做法

1. 五花肉洗净，切块，腌渍入味。
2. 五花肉抹上淀粉，入油锅炸至金黄，捞起。
3. 再热油锅，放青椒片、红椒片和洋葱同炒，然后倒入番茄酱和水煮至黏稠，放入肉块翻炒，使肉块裹上酱汁即可。

蒜苗炒腊肠

材料 蒜苗250克，腊肠200克，红椒100克

调料 盐5克，味精3克，鸡精2克，姜片10克

做法

1. 蒜苗叶洗净，切段；腊肠斜切成片；红椒洗净，去蒂、去籽，切成片。
2. 锅上火，加油烧热后，下入腊肠片炒至吐油。
3. 再加入蒜苗、红椒片、姜片，炒至熟透后，加入盐、味精、鸡精即可。

荷兰豆炒腊味

材料 荷兰豆250克，腊肉200克

调料 盐5克，味精3克，花雕酒5克，姜5克

做法

1. 荷兰豆择去老筋洗净，切片；腊肉洗净切片；姜去皮切片。
2. 锅上火，下入腊肉片炒香。
3. 再加入荷兰豆和所有调味料一起炒匀即可。

七彩炒鱼丝

材料 鱼肉100克，胡萝卜、韭菜、粉条各50克

调料 盐、料酒、蚝油适量

做法

1. 鱼肉洗净切丝，用料酒和盐腌渍；胡萝卜洗净切丝；韭菜洗净切段；粉条浸泡后过冷水晾干。
2. 油锅烧热，倒入胡萝卜丝、韭菜、粉条，加少许盐翻炒，再倒入鱼丝，轻轻推动，加少量蚝油调味，炒均匀后装盘即可。

荷兰豆炒墨鱼

材料 百合、荷兰豆各100克，墨鱼150克

调料 鸡精、白糖各5克，盐2克，淀粉10克，蒜片、姜片、葱白段各15克

做法

1. 百合洗净，掰成片；荷兰豆洗净；墨鱼治净，切片备用。
2. 烧锅下油，放入姜、蒜、葱炒香，加入原料一起翻炒。入其余调味料炒匀，淀粉勾芡即可。

辣爆鱿鱼丁

材料 鱿鱼1条，青椒、红椒各30克，干红椒10克

调料 盐5克，红油10克

做法

1. 鱿鱼洗净，切成丁，入锅中滑散。
2. 青椒、红椒去籽洗净，切块；干红椒切段。
3. 锅中油烧热，爆香青椒、红椒和干红椒，放入鱿鱼丁炒匀，加盐、红油炒匀入味即可。

水晶虾仁

材料 河虾仁400克，鸡蛋1个

调料 盐、淀粉、陈村碱头各适量

做法

1. 虾仁挑去沙线，入碱水和盐快速搅拌。
2. 漂洗，取出虾仁滤干，放入冰箱。用鸡蛋清、淀粉打成浆，放入虾仁拌匀后淋少许油，放入冰箱。
3. 油烧温，锅内加调味料，倒入虾仁，开大火翻炒，淋油装盘即可。

雪菜炒虾仁

材料 虾仁500克，雪菜末100克

调料 葱1根，姜2片，盐、胡椒粉、酒、淀粉、蛋白各适量

做法

1. 虾仁治净，先用盐抓一下，用水洗净。在虾中加入少许盐、胡椒粉、淀粉、酒及蛋白等腌料拌匀。
2. 油烧热，倒入虾仁，爆炒几下取出；留油烧热，先爆葱、姜，再倒入虾仁，加盐少许及雪菜末，快速翻炒后装盘即可。

什锦笋片

材料 荷兰豆、河虾、蘑菇各100克，罗汉笋200克

调料 盐、鸡精各5克，蚝油少许

做法

1. 罗汉笋洗净切斜刀片；蘑菇洗净后改花刀。
2. 荷兰豆、蘑菇、笋片入开水锅中氽水；炒锅烧热，放入油，待油六成热时，放入河虾滑油，捞出。
3. 烧热油，下荷兰豆、蘑菇、笋、河虾翻炒，之后淋入少许蚝油，加入盐和鸡精炒匀起锅即可。

烧肉豆芽炒虾

材料 烧肉、黄豆芽、虾仁、青椒丝、淀粉各适量

调料 盐、糖、蚝油、生抽各适量

做法

1. 黄豆芽择洗净；烧肉切块；虾仁洗净。
2. 锅中放少许油烧热，放入烧肉煎香，盛出；虾仁入油锅滑熟。
3. 油烧热，爆香青椒丝，再放入黄豆芽炒2分钟，放入烧肉和虾仁，调入盐、糖和蚝油、生抽，用淀粉勾芡装盘即可。

姜葱炒花蟹

材料 花蟹3只

调料 姜20克，葱100克，蒜10克，鸡精2克，淀粉5克，白糖3克

做法

1. 姜去皮切片；葱留葱白切段；蒜去皮切末；花蟹壳切开，前爪切断后对半切开。净锅上火，倒入油，放备好的花蟹，加姜片、葱段，炸至花蟹香熟，捞出沥油。
2. 锅内留油，爆香姜片、蒜末、葱段，倒入花蟹略炒，放水，煮沸，调入白糖、鸡精拌匀，再用淀粉勾芡即可。

咖喱炒蟹

材料 蟹100克，咖喱粉30克，鸡蛋、红辣椒各10克

调料 干淀粉、料酒、生抽、香油、盐各适量

做法

1. 蟹治净，将蟹钳与蟹壳分别切块，撒上干淀粉，抓匀，炸至表面变红，捞出。
2. 红辣椒洗净，切成片；鸡蛋打入碗中，搅散，入油锅中炒熟；咖喱粉调湿。
3. 油烧热，下调味料，放入蟹块，倒入红辣椒片、鸡蛋，炒熟即可。

香港仔爆鲜贝

材料 四季豆300克，鲜贝100克，鳗鱼50克

调料 盐、糖各8克，洋葱30克，蒜、红椒各15克

做法

1. 四季豆洗净切粒；鳗鱼取肉切粒；洋葱洗净切粒；蒜去皮切碎；红椒切粒。
2. 水烧开，放入鲜贝氽熟，捞出沥干水分，四季豆粒入油锅中炸熟，捞出沥油。
3. 油烧热，爆香洋葱、蒜、红椒，入四季豆、鲜贝、鳗鱼，入调味料炒匀至熟即可。

八卦鲜贝

材料 鲜贝400克，高汤300克

调料 酱油、糖、米醋、番茄酱、盐各适量

做法

1. 鲜贝洗净；高汤加盐下锅煮开，倒入一半鲜贝煮熟，捞出沥干。
2. 炒锅倒油加热，下入酱油、糖、米醋、番茄酱煮至溶化，倒入剩下的鲜贝翻炒至熟。
3. 两种做好的鲜贝分别倒入装饰好的盘中即可。

菜心葱段炒虾蛄

材料 菜心、虾蛄各400克，葱20克，红辣椒150克

调料 盐20克，鸡精10克，淀粉100克

做法

1. 菜心去头尾洗净切段；红椒去蒂托切片；葱留葱白切段。
2. 虾蛄放入烧开的水中汆熟后去壳，再放入烧热的油中炸至金黄，捞出。
3. 锅中倒油，放入葱段爆香，入菜心、虾蛄一起炒熟，调入调味料，用淀粉勾芡即可。

炒纽西兰青口

材料 洋葱丝50克，青口、金不换、红椒丝各15克

调料 咖喱酱、星洲汁、盐、姜汁、糖、料酒各适量

做法

1. 锅中注水调入姜汁、料酒、盐、糖煮沸，放入青口汆烫，捞出沥水。
2. 油烧热，放入洋葱丝、金不换、红椒丝爆香，加入青口炒匀。
3. 调入咖喱酱、星洲汁一起炒香，装盘即可。

泡白菜炒花甲

材料 花甲300克，泡白菜100克

调料 蚝油5克，盐4克，鸡精2克，红椒1个，蒜6克，姜5克

做法

1. 净锅上火，放入适量清水，倒入花甲煮沸至花甲开壳，取出去壳留肉洗净备用。
2. 蒜去皮剁蓉；红椒洗净切菱形片；姜去皮切片。炒锅上火，油烧热，爆香蒜蓉、姜片。
3. 入泡白菜、花甲、红椒片翻炒，加入少许水，调入蚝油、盐、鸡精，煮沸至入味即可。

泡椒牛蛙

材料 牛蛙2只，红泡椒20克，泡菜100克

调料 盐、料酒各5克，蛋清1个，淀粉10克

做法

1. 牛蛙洗净切块，调入盐、料酒、蛋清、淀粉，腌5分钟至入味；泡菜切丁备用。
2. 油烧热，放入牛蛙，炸至呈金黄色捞出。
3. 放入红泡椒炒香，加入炸好的牛蛙，入调味料炒匀，装盘即可。

珊瑚炒雪蛤

材料 雪蛤100克，鸡蛋8个，纯鲜牛奶150克

调料 糖10克，鸡精5克，盐6克

做法

1. 雪蛤洗净汆水，用布吸干水分。
2. 蛋清、鲜牛奶和所有调味料放入雪蛤中搅匀。
3. 上锅放油，放入所有原料，慢火炒熟即可。

台式辣炒圣子皇

材料 肉碎4克，圣子皇400克，青椒、红椒各1个

调料 盐、鸡精、辣椒酱、咖喱粉，番茄酱各10克

做法

1. 圣子皇洗净；青椒、红椒去蒂洗净，切块。
2. 锅中注水适量，调入少许盐，水沸放入圣子皇汆烫，捞出沥水。
3. 油烧热，爆香青椒、红椒、肉碎，调入盐、鸡精、辣椒酱、咖喱粉、番茄酱，加入圣子皇煮开，炒匀至熟出锅即可。

葱爆野山菌螺片

材料 野山菌300克，鲜螺400克，彩椒10克

调料 盐4克，葱白20克

做法

1. 鲜螺取螺肉洗净，过沸水。
2. 葱白洗净切段；野山菌择洗净撕成碎条后，过沸水稍烫，捞出；彩椒洗净切条。
3. 油烧热，爆香葱白、彩椒，放入野山菌、螺片，调入盐炒匀入味即可。

春秋田螺

材料 带壳田螺500克，红尖椒、青尖椒、干辣椒各15克

调料 剁辣椒10克，陈醋、盐各5克，红油20克，香油3克，料酒、淀粉各10克

做法

1. 田螺去壳洗净；红尖椒、青尖椒洗净切碎。
2. 田螺汆水过油，锅内留油，将干辣椒节爆香后下入红尖椒、青尖椒旺火翻炒。
3. 下田螺，调入调味料，勾芡，淋少许红油、香油即可。

豉椒炒蛏子

材料 青椒2个，红椒1个，蛏子750克

调料 豆豉、辣椒酱各10克，盐、糖、蚝油各2克，淀粉6克

做法

1. 青椒、红椒洗净切片；蛏子用开水烫后洗净。
2. 油下锅烧热，将青椒、红椒在锅内炒香后加入蛏子、豆豉、辣椒酱，加入适量清水炒1分钟。
3. 加入所有调味料，勾芡后即可。

第四部分

原汁原味 蒸煮功夫

蒸就是利用蒸汽加热，使调好味的原料变熟或酥烂入味。其特点是保持了菜肴的原形、原汁、原味，在很大程度上保存了菜的各种营养元素。蒸煮菜口味鲜香，嫩烂清爽，形美色艳，而且原汁损失较少，又不混味。

清蒸大虾

材料 大虾4只，水1000克，青辣椒7克，红辣椒10克，石耳1克，鸡蛋60克，串儿8个

调料 清酒15克，盐3克，胡椒粉2克，葱、蒜头各20克，香油13克

做 法

1. 大虾留下头与尾，去皮，用刀划破虾背，剔去虾线。
2. 摊开，划上刀痕后撒上盐、清酒、胡椒粉调味，调整好样子插在串儿上。
3. 葱与蒜头清洗干净，葱切成小块；蒜头切成厚0.5厘米左右的片；青辣椒、红辣椒清洗干净，切成长丝；石耳放在水里泡1小时，去蒂洗净擦干后，切成丝；鸡蛋煎成黄白蛋皮，切丝。
4. 蒸锅里倒入水，大火煮至沸腾，铺上葱与蒜头后，放上大虾蒸5分钟左右至熟。
5. 将蒸好的大虾拿出来，抹上香油。大虾上面撒上青辣椒、红辣椒、黄白蛋皮、石耳等菜码摆盘即可。

煮米糕

材料 白米糕300克，牛臀肉、牛肉各100克，胡萝卜、盐、栗子、香菇、松子、红枣、银杏、鸡蛋、水芹菜、面粉、食用油各适量

调料 酱油35克，糖15克，葱末10克，蒜泥8克，芝麻盐4克，胡椒粉1克，香油10克

做法

1. 白米糕切成长段，竖着划上四条刀痕，放入酱油调味；牛肉用棉布擦净血水，牛臀肉洗净，细细剁碎，用酱油、糖、葱末、蒜泥、芝麻盐、胡椒粉、香油搅拌。
2. 胡萝卜洗净切成块并修整棱角；栗子去除内、外皮；银杏热炒后去皮；香菇放在水里浸泡1小时左右，去蒂后擦干，切成4等份。
3. 松子去笠，用棉布擦净；红枣洗净去皮；鸡蛋煎成黄白蛋皮，水芹菜煎成水芹菜煎饼，均切成菱形。
4. 在划好刀痕的米糕里放入调好调料的牛肉。
5. 锅里放入牛肉与水，大火煮至沸腾，转中火煮30分钟左右后，捞出肉切块，放入酱油、糖、葱末、蒜泥、芝麻盐、胡椒粉、香油搅拌，高汤用棉布过滤；锅里再倒入水煮至沸，放入胡萝卜与盐，氽烫一会儿；锅里放入牛肉、胡萝卜、栗子、香菇、高汤、酱油、糖、葱末、蒜泥、芝麻盐、香油，大火煮片刻，再放入白米糕、红枣、银杏与松子，煮熟装盘即可。

虾仁芙蓉蛋

材料 鸡蛋4个，虾5只，干香菇2个，胡萝卜、西芹各适量

调料 盐、咸虾酱、糖、芝麻、红辣椒丝各适量

做法

1 虾去头，入沸水里汆透，留虾尾和肉相连；香菇入水浸泡洗净，切丝；胡萝卜切细丝。

2 鸡蛋打散拌匀；香菇、胡萝卜丝加入鸡蛋中，入蒸锅中火蒸20分钟。

2 蒸到一半的时候，将红辣椒丝和剁碎的西芹撒在鸡蛋羹的表面。

4 整碗出锅，芙蓉蛋即可。

轻纱豆腐卷

材料 豆腐230克，牛肉、胡萝卜、洋葱、青辣椒、蛋液、包菜叶、面粉各适量

调料 蒜末、芝麻盐、香油、糖、盐、葱末、黑胡椒各适量

做法

1 牛肉、豆腐均洗净剁碎，用调味料腌渍入味；胡萝卜、洋葱、青辣椒均洗净切丝；将备好的原料与蛋液、调味料一起拌匀。

2 包菜叶汆水，沥干。在包菜叶的里层撒上一层面粉，将原料放入卷好，蒸熟即可。

鲜蒸蛤蜊

材料 蛤蜊500克，松仁、生菜叶各少许

调料 酱油、白糖各10克，红辣椒粉5克，蒜末、葱末、芝麻盐、黑胡椒粉、芝麻油、红辣椒丝各适量

做法

1. 蛤蜊用盐水洗净。
2. 所有调味料调制成调味酱。
3. 蛤蜊在沸水中汆熟，去除蛤蜊的一面壳，并从蛤蜊肉里剔除其器官，将肉和壳稍稍松动一下后浇上适量调味酱和松仁即可。

一品西葫芦

材料 西葫芦100克，牛肉末200克，香菇丝、蛋液、高汤、松仁、红辣椒丝各适量

调料 酱油、芝麻盐、蒜末各适量

做法

1. 西葫芦洗净切段，打上“十”字花，塞入牛肉末、香菇丝；蛋液煎熟，切成丝。
2. 碗中倒入高汤，码入西葫芦，撒上鸡蛋丝、红辣椒丝、蒜末，加入酱油、芝麻盐调味；将碗放上蒸锅隔水蒸熟。
3. 松仁洗净，入开水锅汆熟，去皮撒在西葫芦上即可。

五彩鸡蛋卷

材料 蛋液、胡萝卜丁、豆芽段、菠菜碎、紫菜、香菇各适量

调料 盐、酱油、香油、糖各适量

做法

1. 紫菜洗净；香菇洗净，浸水后切末。
2. 蛋液煎成饼状，取出与紫菜一起铺平；胡萝卜丁、豆芽段、菠菜碎加入调味料拌匀，放在紫菜上，卷成卷儿。
3. 上蒸锅蒸熟，取出切成段，即可。

五彩笛鲷

材料 笛鲷1条，牛肉片、豆腐块、黄瓜丝、胡萝卜丝、蛋液、熟鹌鹑蛋、西红柿片各适量

调料 盐、酱油、葱花、蒜蓉各适量

做法

1. 西红柿片放盘中；笛鲷治净，打上花刀，加调味料、蛋液腌渍一会，放盘中。
2. 牛肉片、豆腐块、黄瓜丝、胡萝卜丝撒在鱼身上，蒸熟后放上熟鹌鹑蛋即可。

五彩鳕鱼卷

材料 鳕鱼1条，芥菜、胡萝卜丝、香菇丝、鸡蛋、包菜叶、西红柿、西芹末各适量

调料 盐、玉米淀粉、酱油、醋各适量

做法

1. 鳕鱼治净切薄片，用盐、玉米淀粉腌渍入味；芥菜洗净；蛋清和蛋黄分开煎熟，切丝，再与鳕鱼、香菇丝和各种蔬菜包成卷。
2. 上蒸锅蒸熟，蘸醋、酱油食用即可。

胡萝卜煮鸡块

材料 鸡 700 克，胡萝卜 70 克，香菇 10 克，银杏、鸡蛋各 60 克

调料 酱油 45 克，糖 18 克，葱末 14 克，蒜泥 8 克，生姜汁 5.5 克，芝麻盐 3 克，香油 13 克，洋葱 80 克，食用油 13 克

做法

1. 鸡去掉内脏与油脂，清理干净，切成长、宽 4~5 厘米的块；胡萝卜洗净，切成长 3 厘米、宽 2.5 厘米左右的块，磨去棱角；香菇浸泡在水里 1 小时左右后去蒂，用棉布擦干，切成 2~4 等份。
2. 洋葱洗净切成长 3 厘米、宽 4 厘米左右；将抹食用油的平底锅加热，放入银杏，用中火边翻转平底锅边炒 2 分钟左右后，去皮；把鸡蛋煎黄白蛋皮后，切成长 2 厘米的菱形；将酱油、糖、葱末、蒜泥、生姜汁、芝麻盐、香油混合均匀，做成调味酱料。
3. 锅里倒入水，大火煮沸腾时放入鸡氽烫。
4. 锅里放入鸡块，放入 1/2 的调味酱料与水，大火煮 3 分钟左右，沸腾时转中火慢慢煮 20 分钟左右，放入剩余的调味酱料，续煮 10 分钟左右，再放入胡萝卜、香菇、洋葱续煮 5 分钟左右。
5. 汤汁几乎要收干时，放入银杏，边淋上肉汤边熬煮 3 分钟左右。装碗后，上面撒上黄白蛋皮作为装饰即可。

八宝汆瓦

材料 金瓜1个，葡萄干、核桃仁、巴旦木、枸杞、红枣、无花果、花生米各20克

调料 柠檬汁20克

做法

1. 金瓜洗净，在顶部1/3处切开，去皮、瓤，雕刻成花形。
2. 锅中水烧开，放入所有果脯氽水，捞出装入金瓜中。
3. 上笼蒸至金瓜软烂，离火，淋上柠檬汁即可。

红枣蒸南瓜

材料 老南瓜500克，红枣10粒

调料 白糖10克

做法

1. 南瓜削去硬皮，去瓤后切成厚薄均匀的片；红枣泡发洗净。
2. 南瓜片装入盘中，加入白糖拌匀，摆上红枣。
3. 蒸锅上火，放入备好的南瓜，蒸至南瓜熟烂出锅即可。

蒸白菜

材料 白菜500克，香菇2朵，虾米、火腿适量

调料 盐5克，葱段、姜片、料酒、胡椒各少许

做法

1. 香菇、虾米泡软洗净；白菜洗净；火腿切片；香菇去蒂切成薄片。
2. 香菇与火腿夹在白菜叶间，放入蒸盘，虾米放在上面，加盐、胡椒调匀，淋上料酒。
3. 放入蒸锅，加入葱段和姜片蒸熟即可。

干豆角蒸五花肉

材料 干豆角100克，五花肉300克

调料 辣椒粉10克，盐3克，葱花15克，蚝油适量

做法

1. 五花肉洗净，切厚片，用盐和蚝油抓匀；干豆角用凉水稍泡，然后捞出切长段。
2. 油锅烧热，下干豆角和辣椒粉炒香，盛入碗里，将猪肉盖到干豆角上，淋适量水，放入蒸锅蒸半小时，出锅前撒上葱花即可。

花生蒸猪蹄

材料 猪蹄500克，花生米100克，红椒片10克

调料 盐、酱油各5克

做法

1. 猪蹄褪毛后剁成段，氽水；花生洗净。
2. 猪蹄入油锅中炸至金黄色后捞出，盛入碗内，加入花生米，用酱油、盐、红椒片拌匀。
3. 再上笼蒸1个小时至猪蹄肉烂即可。

荷叶蒸鸡

材料 鸡700克，红枣20克，枸杞15克，荷叶1张

调料 盐、味精、淀粉、蛋清、蚝油、姜各适量

做法

1. 鸡治净，剁成块状；姜去皮洗净切末；红枣、枸杞泡发；荷叶泡软。
2. 鸡块放入碗中，加入淀粉、蚝油、盐、味精、蛋清、姜末腌15分钟至入味。
3. 荷叶放入盘中，倒入腌好的鸡块，放上红枣、枸杞入蒸锅蒸30分钟即可。

野山椒蒸草鱼

材料 草鱼1条，野山椒100克，红椒适量

调料 盐3克，香菜段、料酒、辣椒面、香油各适量

做法

1. 野山椒洗净去蒂；红椒洗净切丝。
2. 草鱼治净剁成小块，用盐、辣椒面、料酒腌渍入味后装盘。
3. 所有材料撒在鱼肉上，用大火蒸熟，关火后等几分钟再出锅，撒上香菜段，淋上香油即可。

河鲫鱼蒸螺丝

材料 鲫鱼1条，田螺、五花肉、洋葱圈适量

调料 料酒、盐、酱油、葱花、辣椒圈各适量

做法

1. 鲫鱼治净，用料酒腌渍；田螺治净，入沸水烫熟，捞出沥水；五花肉洗净，切片。
2. 鲫鱼、田螺、五花肉摆盘，放入蒸锅中蒸15分钟，取出。用盐、酱油调成味汁，淋入盘中，撒上辣椒圈、洋葱圈、葱花即可。

咸柠檬蒸白水鱼

材料 白水鱼500克，柠檬10克

调料 葱5克，红椒、盐、味精、料酒各适量

做法

1. 白水鱼治净，切成两半；柠檬切片；葱、红椒洗净切末。
2. 白水鱼用盐和料酒腌制20分钟，洗净放入盘中，放入柠檬、葱末、红椒末、盐、味精入笼屉蒸熟即可。

大白菜包肉

材料 大白菜300克，猪肉馅150克

调料 盐、味精各3克，酱油6克，花椒粉4克，香油、葱花、姜末、淀粉各适量

做法

1. 大白菜择洗干净。
2. 猪肉馅加上葱花、姜末、盐、味精、酱油、花椒粉、淀粉搅拌均匀，将调好的肉馅放在白菜叶中间，包成长方形。
3. 包好的菜包肉放入盘中，入蒸锅用大火蒸熟，取出淋上香油即可。

南瓜盅肉排

材料 南瓜200克，芋头100克，肉排150克，红椒20克

调料 姜10克，酱油、味精、白糖、盐各适量

做法

1. 南瓜洗净，挖空；芋头去皮洗净，煮熟；红椒洗净切片；姜去皮洗净切片。
2. 肉排洗净切块，氽水，入油锅煸炒，加芋头、姜片、白糖、酱油、盐、味精、红椒炒匀。
3. 把炒好的肉排装入南瓜中，上锅蒸40分钟即可。

剁椒蒸臭干

材料 腊八豆200克，臭豆腐500克，剁椒50克

调料 盐2克，香油3克，姜、葱、蒜、红油各适量

做法

1. 臭豆腐切块，炸至外表起硬壳，装碗；姜去皮切片；蒜洗净切末；葱洗净切花。
2. 油锅烧热，下入姜末、蒜末、剁椒、腊八豆煸香，盖在臭豆腐上，加入盐上笼蒸15分钟，然后淋上香油，撒上葱花即可。

双椒蒸茄子

材料 茄子250克，辣椒、泡椒各50克

调料 盐、味精各3克，酱油、豆豉各10克

做法

1. 茄子洗净，去皮，切片；辣椒、泡椒洗净，剁碎。
2. 茄子装入盘中，撒上泡椒、辣椒，淋上盐、味精、酱油、豆豉调成的味汁。
3. 盘子放入锅中，隔水蒸熟即可。

农家煮豆腐

材料 豆腐200克，尖椒、姜末各少许

调料 盐、味精、辣椒油、香油各适量

做法

1. 豆腐洗净切块；尖椒洗净切圈。
2. 油锅烧热，炒香尖椒，入豆腐块炸至两面脆黄，加盐、味精、辣椒油调味，加水煮开，加入姜末，淋香油，拌匀后盛起即可。

红果山药

材料 山药300克，山楂200克

调料 桂花蜂蜜25克，白糖10克

做 法

1. 山药去皮，洗净，切段，入锅蒸熟，放碗里捣成泥状，扣在盘中；山楂洗净去核，摆在山药旁。
2. 热锅放白糖、桂花蜂蜜、少量水熬成浓稠汁，浇在山药和山楂上即可。

剁椒蒸毛芋

材料 毛芋500克，葱花3克，剁椒200克

调料 盐5克，香油适量

做 法

1. 毛芋去皮洗净，改刀成块，上笼蒸熟，取出。
2. 铺上剁椒，撒上盐，再蒸2分钟，取出撒上葱花，浇香油即可。

剁椒芋头仔

材料 芋头仔300克，剁椒30克

调料 盐、味精、香油各适量，葱花少许

做 法

1. 芋头仔去皮，洗净，装在碗里。
2. 锅中加油炒香剁椒，加入芋头仔，下入盐、味精、香油拌匀。
3. 拌好的芋头入锅中蒸熟，撒上葱花即可。

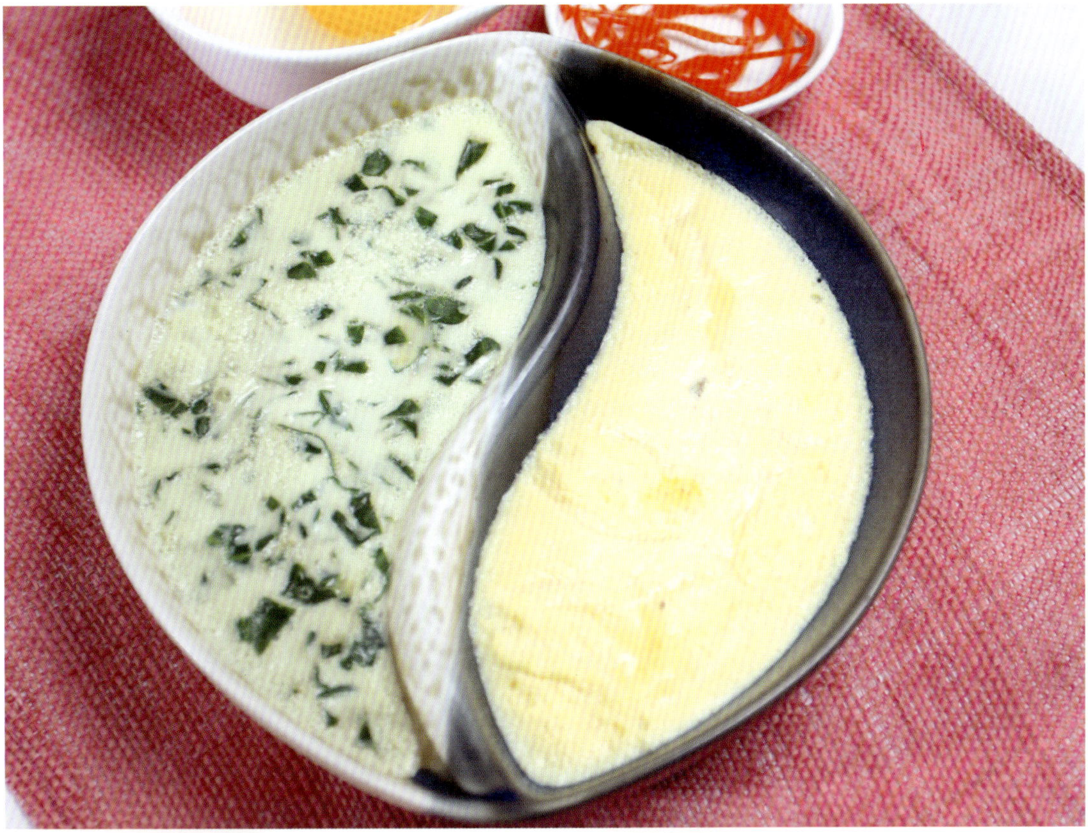

1

2

3

4

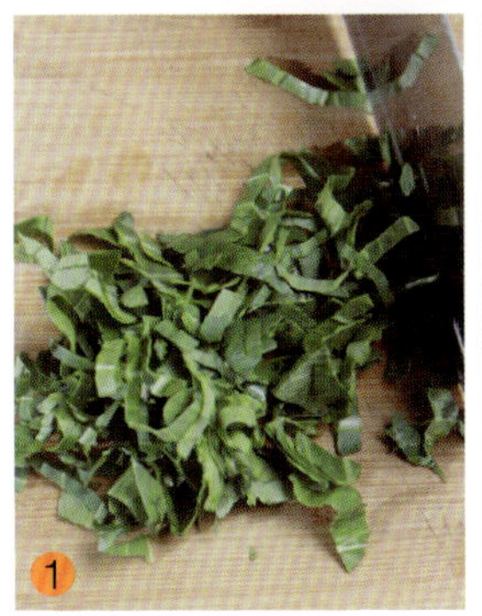

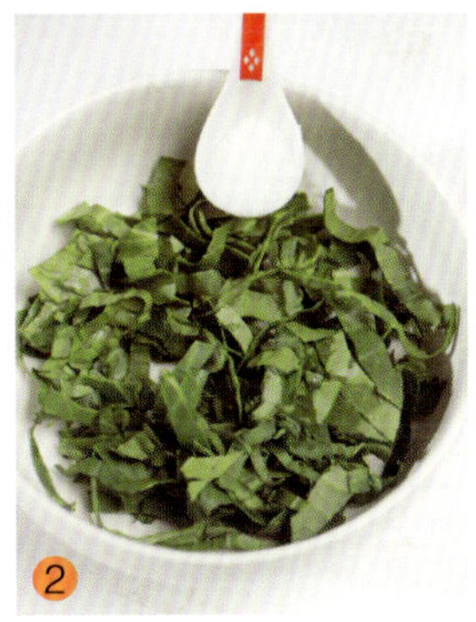

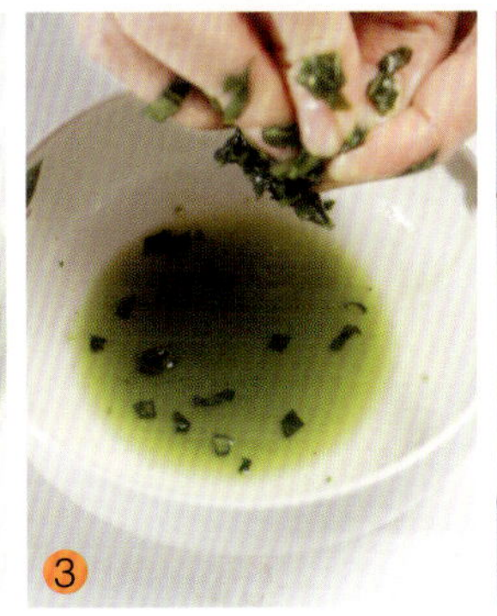

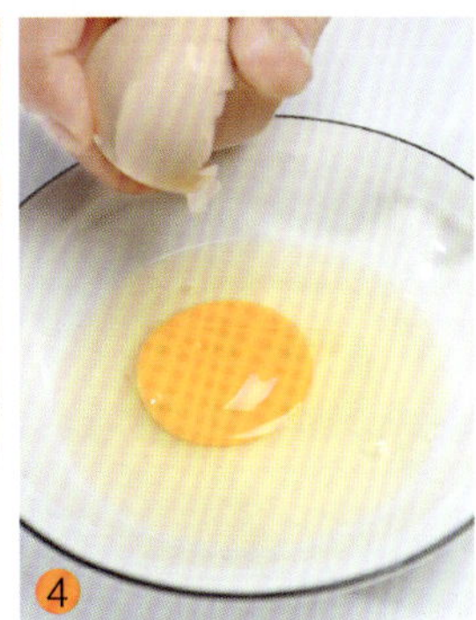

双色蒸水蛋

材料 鸡蛋2个，菠菜适量

调料 盐3克

做 法

1 菠菜洗净后切碎。

2 取碗，用盐将菠菜腌渍片刻，用力揉透至出水。

3 再将菠菜叶中的汁水挤干净。

4 鸡蛋打入碗中拌匀加盐，再分别倒入鸳鸯锅的两边，在锅一侧放入菠菜叶，入锅蒸熟即可。

鲫鱼蒸水蛋

材料 鲫鱼 300 克，鸡蛋 2 个

调料 盐 3 克，酱油 2 克，葱 5 克

做 法

1. 鲫鱼治净，改花刀，用盐、酱油稍腌；葱洗净切花。
2. 鸡蛋打入碗内，加少量水和盐搅散，把鱼放入盛蛋的碗中。
3. 鱼碗放入蒸笼蒸 10 分钟，取出，撒上葱花即可。

葱花蒸蛋羹

材料 鸡蛋 3 个

调料 盐适量，葱花少许

做 法

1. 鸡蛋磕入大碗中打散，加入盐搅拌调匀，慢慢加入约 300 毫升温水，边加边搅动。
2. 入蒸锅，以小火蒸约 10 分钟，撒上葱花即可。

三色蒸蛋

材料 鸡蛋 3 个，咸蛋黄 1 个，皮蛋 1 个

调料 盐 5 克，味精 3 克，食用油 5 克

做 法

1. 鸡蛋打散，加 150 毫升水，和盐、味精一起搅匀。
2. 上笼蒸 3 分钟，出笼待用。
3. 皮蛋切片摆于蒸蛋上围边，咸蛋黄放于中间，再淋入食用油即可。

南瓜粉蒸肉

材料 五花肉 400 克，南瓜 600 克，蒸肉粉适量

调料 葱花、红椒末、酱油、甜面酱、料酒、白糖各适量

做法

1. 五花肉洗净切片；酱油、甜面酱、料酒、白糖加凉开水调匀，放入五花肉腌半小时；南瓜洗净切瓣状，摆盘。
2. 蒸肉粉拌入五花肉后放入南瓜内，入锅蒸半小时取出。
3. 葱花、红椒末撒在粉蒸肉上即可。

干盐菜蒸肉

材料 五花肉 300 克，干盐菜 150 克

调料 盐、酱油、辣椒酱、白糖、香菜各适量

做法

1. 五花肉洗净切片；干盐菜洗净，切碎；香菜洗净。
2. 五花肉加清水、盐、酱油、辣椒酱、白糖煮至上色，捞出。
3. 干盐菜置于盘底，放上五花肉，入蒸锅蒸 15 分钟，取出后撒上香菜即可。

干贝蒸水蛋

材料 鸡蛋3个，湿干贝10克

调料 盐2克，白糖1克，淀粉5克，葱花10克

做法

1. 鸡蛋在碗里打散，加入湿干贝和所有的调味料搅匀。
2. 放在锅里隔水蒸12分钟，至鸡蛋凝结。
3. 蒸好后洒上葱花，淋上花生油即可。

蛤蜊蒸水蛋

材料 蛤蜊300克，鸡蛋2个，红椒少许

调料 盐2克，葱末、蒜蓉各10克，生抽少许

做法

1. 蛤蜊洗净；鸡蛋磕入碗中，加水、盐搅拌成蛋液；红椒洗净，去籽切末。
2. 鸡蛋放入蒸锅中蒸10分钟，取出；油锅烧热，下蛤蜊炒至断生，加入红椒、蒜蓉同炒至熟，调入盐、生抽，盛在蒸蛋上，撒上葱末即可。

蛋里藏珍

材料 鸡蛋8个，蘑菇3个，袖珍菇、金针菇、西蓝花、鱿鱼、火腿各适量

调料 胡椒粉3克，盐5克

做法

1. 所有原材料（鸡蛋除外）洗净后，全部切成末状；鸡蛋煮熟，去蛋壳，掏去蛋黄。
2. 油烧热，放入所有原材料（鸡蛋除外）炒熟，调入盐、胡椒粉调味，盛起，装入掏空的蛋中，入锅蒸10分钟，周围摆上西蓝花做装饰即可。

走油肉

材料 猪肋条肉500克，西蓝花200克

调料 酱油、白酱露、盐、白糖、料酒、葱段、姜片各适量

做法

1. 猪肋条肉洗净切块，下油锅炸至金黄，捞出沥油，入清水中浸泡片刻；西蓝花洗净，掰小朵后汆水摆盘。
2. 葱段、姜片用纱布包好，放入锅底，上面摆肉，在肉上加盐、酱油、料酒，旺火蒸至皮面稍酥烂。
3. 加白糖、白酱露，再烧煮20分钟即可。

蛋黄肉

材料 熟咸蛋1个，五花肉400克

调料 鸡精2克，香油5克，鸡蛋1个，盐3克，酱油2克，淀粉适量

做法

1. 五花肉洗净剁碎；熟咸蛋取出蛋黄，压扁。
2. 五花肉碎装入碗，调入淀粉、鸡蛋清、盐、鸡精和少许酱油、香油搅拌均匀。
3. 锅中放油烧热，放入压扁的蛋黄，煎出香味后放入碗底，上面放五花碎肉，上蒸锅蒸约20分钟，取出倒扣，淋上酱油、香油即可。

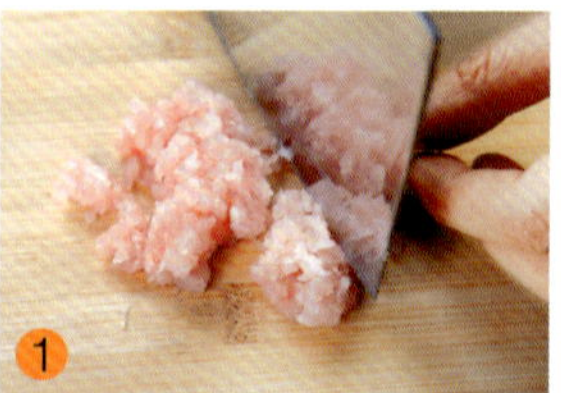

珍珠米圆

材料 猪瘦肉400克，糯米250克，鱼肉300克，猪肥肉、荸荠各100克

调料 味精、料酒、葱花、盐、淀粉、姜末各适量

做法

1. 猪瘦肉洗净剁蓉；猪肥肉洗净切丁；荸荠去皮洗净后切丁；糯米洗净后浸泡2个小时，沥干备用；鱼肉洗净剁成蓉。
2. 猪瘦肉蓉和鱼肉蓉放入钵内，加入盐、味精、料酒、淀粉、葱花、姜末和清水拌匀，搅拌至发黏上劲，然后加入肥肉丁和荸荠丁拌匀。
3. 肉蓉挤成肉丸，将肉丸放在糯米上滚动使其粘匀糯米，再逐个摆在蒸笼内，蒸15分钟取出即可。

蛤蜊炖蛋

材料 蛤蜊250克，鸡蛋2个，蟹肉80克

调料 盐2克，料酒8克，葱花、蒜蓉各适量

做法

1. 蛤蜊洗净，煮熟；蟹肉洗净，切成碎末。
2. 鸡蛋打入碗中，加少许盐搅成蛋液；将蛤蜊放入蛋液中，放入蒸锅蒸熟，取出。
3. 油锅烧热，下蒜蓉爆香，放入蟹肉翻炒，烹入料酒，加盐调味，起锅倒在蒸蛋上，撒上葱花即可。

扁尖蒸东山草鸡

材料 草鸡350克，新鲜竹笋150克

调料 盐3克，姜片、葱花各适量

做法

1. 草鸡治净；竹笋洗净，取笋尖切段。
2. 锅中注水，入姜片、葱花，将鸡肉、笋尖放入锅中同煮15分钟后捞出摆盘，鸡汤留用。
3. 鸡汤加盐调味，淋入盘中，上锅蒸20分钟即可。

荷香滑鸡饭

材料 鸡肉150克，香菇50克，荷叶1片，米适量

调料 生抽、老抽、料酒、糖、姜片、葱段、香油各适量

做法

1. 鸡肉洗净，用生抽、老抽、料酒、糖、香油腌渍；香菇泡发洗净，留水备用。
2. 姜和葱下油锅煸香，下鸡肉、香菇翻炒，倒入调料、香菇水煮开；米煮熟铺在荷叶上，淋上鸡肉、香菇，包好上锅蒸15分钟即可。

麻油鸡

材料 鸡300克

调料 盐3克，老姜80克，料酒适量

做法

1. 鸡洗净，切块，入开水汆烫，捞起，沥干；老姜洗净，切片。
2. 炒锅倒油烧热，放入老姜片炒香，再放入鸡块，炒至变色，加入料酒及适量水煮开。
3. 入蒸锅蒸熟后，取出加盐调匀即可。

苏式粽香肉

材料 五花肉、血糯米各500克

调料 粽叶10克，盐、白糖、味精、酱油各适量

做法

1. 五花肉洗净，剁碎；粽叶洗净。
2. 血糯米洗净，与剁碎的五花肉混合，加入盐、白糖、味精、酱油，搅拌均匀。
3. 粽叶放入碗底，粽叶上放适量糯米五花肉碎，包好，放入笼屉蒸熟即可。

本鸡煲

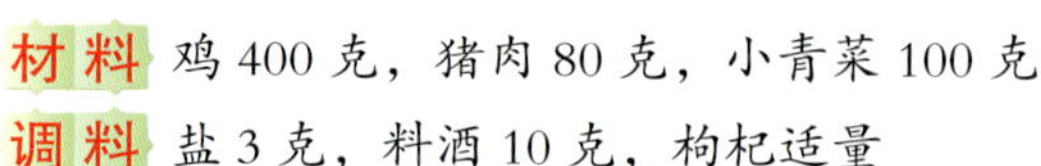

材料 鸡400克，猪肉80克，小青菜100克

调料 盐3克，料酒10克，枸杞适量

做法

1. 鸡洗净，切块，汆熟；猪肉洗净，煮熟，切片；小青菜洗净；枸杞泡水。
2. 水锅烧开，下鸡肉、猪肉同煮，再加入料酒，煮15分钟。
3. 最后放入小青菜、盐、枸杞，煮5分钟即可。

牛肉蔬菜卷

材料 碎牛肉200克，包菜叶、淀粉、胡萝卜、青辣椒、豆芽、樱桃各适量

调料 黄酒、酱油、芝麻盐、盐、黑胡椒各适量

做法

1. 包菜叶洗净汆水；胡萝卜洗净切块，汆水；青辣椒洗净切块；豆芽洗净，汆水。
2. 碎牛肉和蔬菜拌匀，入全部调味料调味，捏成肉丸，蘸上淀粉；在包菜叶的里层撒上淀粉，放入肉丸包成卷儿。
3. 包菜卷放入蒸笼，蒸15分钟出锅，放上樱桃即可。

旱蒸腊肉

材料 腊肉500克，黄瓜、圣女果、香菜各适量

调料 香油、醋各适量

做法

1. 腊肉洗净，切片摆盘，淋上香油、醋，入蒸锅蒸熟。黄瓜洗净，切片；圣女果洗净，切片；香菜洗净。
2. 切好的黄瓜、圣女果摆盘，用香菜点缀即可。

马蹄豆腐

材料 豆腐、牛肉末、胡萝卜碎、石耳丝、香菇丝、玉米淀粉、蛋液、熟鹌鹑蛋各适量

调料 盐、葱末、蒜末、芝麻盐、香油、黑胡椒、大葱各适量

做法

1. 豆腐洗净切块，码放盘中；其余材料用调味料拌匀，腌渍入味，酿在豆腐上。
2. 盘入蒸锅，抹上少许蛋液，蒸熟即可。

粉蒸肉

材料 五花肉500克，莲藕200克，生大米粉25克，大米50克

调料 白糖3克，胡椒粉1克，黄酒10克，桂皮3克，八角、丁香、姜末各2克，盐3克，酱油5克，味精2克

做法

1. 五花肉洗净切长条，加盐、酱油、姜末、黄酒、味精、白糖一起拌匀，腌渍5分钟。
2. 大米淘净，下锅中炒成黄色，加桂皮、丁香、八角再炒3分钟，压成小粒备用。
3. 莲藕洗净切条，加盐、生大米粉拌匀，猪肉条用熟米粉拌匀，与藕条入笼蒸1小时取出，撒上胡椒粉即可。

珍珠圆子

材料 五花肉400克，糯米、马蹄各50克

调料 盐5克，味精2克，绍酒10克，姜1块，葱15克，鸡蛋2个

做法

1. 糯米洗净，用温水泡2小时，沥干水分；五花肉洗净剁成蓉；马蹄去皮洗净，切末；葱、姜洗净切末。
2. 肉蓉加上所有调味料一起搅上劲，再挤成直径约3厘米的肉圆，依次蘸上糯米。
3. 糯米圆子放入笼中，蒸约10分钟取出装盘即可。

芙蓉猪肉笋

材料 猪肉 50 克，笋干 100 克，香菇 5 朵，辣椒 2 个，鸡蛋 3 个

调料 酱油、盐、味精各适量

做法

1. 猪肉洗净切成片；笋干泡发洗净切粗丝；香菇、辣椒洗净切细丝。
2. 原料放入锅中，放酱油、盐、味精烧至熟。
3. 鸡蛋打入盆中，加入适量的水，一起拌均匀，放入锅中蒸 2 分钟至稍凝固，再将炒熟的原材料倒入中间继续蒸至熟即可。

鸡蛋肠粉

材料 米粉 20 克，鸡蛋 1 个，青菜 25 克，淀粉 15 克

调料 生抽 10 克，油 1 克

做法

1. 米粉、淀粉加水搅匀成浆。
2. 浆分成 2 份，于锅中各蒸 2 分钟，淋少许油，加入生鸡蛋蒸熟，制成肠粉。
3. 青菜汆水摆于碟上，盖上肠粉，淋上生抽调味即可。

粉蒸排骨

材料 排骨300克，米粉100克

调料 豆豉5克，鸡精2克，豆腐乳30克，豆瓣酱15克

做法

1. 排骨洗净剁段；豆瓣酱、豆豉用油炒香，凉后加入米粉、鸡精、豆腐乳拌匀。
2. 排骨放入蒸盘中，上铺拌好的调味料，入蒸笼蒸熟即可。

南瓜蒸排骨

材料 猪排300克，南瓜250克

调料 盐、姜末、蒜末、豆豉酱、酱油、醋各适量

做法

1. 猪排洗净切块，汆水，捞出沥干；南瓜去皮洗净，切条，摆盘。
2. 热锅下油，入姜末、蒜末炒香，放入猪排略炒，加盐、豆豉酱、酱油、醋调味，炒至五成熟盛在盘中的南瓜上。
3. 向盘中淋入适量醋，入蒸锅蒸至熟透即可。

鸡汤煮干丝

材料 豆腐丝400克，虾仁、小青菜、辣椒各20克

调料 鸡汤500克，盐3克，胡椒粉、香油各适量

做法

1. 豆腐丝汆水；辣椒洗净切丝；虾仁、小青菜洗净。
2. 起锅点火，倒入鸡汤，放入豆腐丝，加适量盐煮开；放入虾仁、辣椒丝，大火煮5分钟；放几根小青菜，撒入胡椒粉起锅，淋上香油即可。

浓汤大豆皮

材料 大豆皮200克，肥肉100克

调料 盐3克，红椒20克，高汤300克

做法

1. 大豆皮、肥肉、红椒洗净，切条。
2. 锅中加油烧热，放入大豆皮、肥肉、红椒翻炒至熟。
3. 倒入高汤煮至熟软，最后调入盐即可。

腊肉煮腐皮

材料 腊肉、虾仁各100克，豆腐皮200克，萝卜20克，土豆30克，红椒、青椒各10克

调料 盐5克，料酒10克，鸡精2克，香菜少许

做法

1. 所有原材料治净切好。
2. 热锅入油，放腊肉炒至出油，放入豆腐皮、萝卜丝、土豆丝、青椒、红椒、虾仁，稍翻炒，烹入料酒、鸡精、盐，加适量水煮熟，撒上香菜即可。

金瓜豉汁排骨

材料 排骨、金瓜各300克，豉汁30克

调料 胡椒粉、盐、白糖、香油、淀粉、生抽各适量

做法

1. 排骨放到清水里，揉捏排骨，然后用清水洗净，剁段；金瓜掏空备用。
2. 排骨加胡椒粉、盐、白糖、香油、淀粉搅拌均匀，再加入豉汁、生抽拌匀。
3. 排骨放在金瓜中，蒸熟即可。

青豆蒸豆干

材料 豆干200克，青豆100克

调料 盐3克，味精1克，青椒、红椒及高汤各适量

做法

1. 豆干洗净，沥干切块；青豆洗净沥干；青椒、红椒分别洗净沥干，切菱形块。
2. 豆干、青豆、青椒、红椒置于容器中，加入盐、味精和高汤调成味汁。
3. 容器放入蒸笼中，待熟透即可。

芥菜干蒸肉

材料 五花肉500克，芥菜干60克

调料 白糖20克，黄酒10克，八角3克，酱油25克，味精2克，桂皮3克

做 法

1 五花肉洗净切小块，汆水，用清水洗净；芥菜干洗净挤干水分，切成小段。

2 锅中放入清水、酱油、黄酒、桂皮、八角，放入肉块煮至八成熟，再加白糖和芥菜干，中火煮约5分钟，拣去八角、桂皮，加入味精。

3 取扣碗1只，放芥菜垫底，将肉块皮朝下整齐地排放于上面，上笼蒸约2小时后取出，扣于盘中即可。

百花蛋香豆腐

材料 日本豆腐、虾胶、蛋黄、菜心各适量

调料 白糖 1 克，盐 3 克，淀粉 15 克

做 法

1. 日本豆腐切圆筒，中间挖空；蛋黄切粒。
2. 白糖、盐加入虾胶里，搅匀后酿在挖空的豆腐中间，蛋黄放在虾胶上，蒸熟后将豆腐取出；菜心汆熟，围在豆腐周围；水烧开，入余下调味料，用淀粉勾芡后淋入盘中即可。

蟹黄豆花

材料 豆腐 200 克，咸蛋黄、蟹柳各 50 克

调料 盐 3 克，蟹黄酱适量

做 法

1. 豆腐洗净切丁，装盘；咸蛋黄捣碎；蟹柳洗净，入沸水烫熟后切碎。
2. 油锅烧热，放入咸蛋黄、蟹黄酱略炒，调入盐炒匀，出锅盛在豆腐上。
3. 豆腐放入蒸锅蒸 10 分钟，取出，撒上蟹柳碎即可。

泡菜蒸香干

材料 香干 300 克，泡菜 100 克

调料 盐、生抽、红油、葱花、红椒各适量

做 法

1. 香干洗净切片，摆盘；泡菜洗净切段，置于香干上；红椒洗净切丁，置于泡菜上。
2. 盐、生抽和红油调匀，浇在香干和泡菜上。
3. 装原料的盘置于蒸锅中蒸至熟透，取出撒上葱花即可。

橘香羊肉

材料 羊柳300克，橘柑6个

调料 蒸肉粉100克，红油豆瓣酱30克，盐适量

做法

1. 羊柳切片，用盐腌至入味；橘柑把中间掏空。
2. 羊柳加入红油豆瓣酱拌匀，加入蒸肉粉。
3. 把拌好的羊柳放入橘柑中入笼蒸熟，取出装盘即可。

鸡蛋蒸日本豆腐

材料 鸡蛋1个，日本豆腐200克，剁辣椒20克

调料 盐、味精各3克

做法

1. 取出豆腐切成2厘米厚的段。
2. 切好的豆腐放入盘中，打入鸡蛋置于豆腐中间，撒上盐、味精。
3. 豆腐与鸡蛋置于蒸锅上，蒸至鸡蛋熟，取出；另起锅置火上，加油烧热，下入剁辣椒稍炒，淋于蒸好的豆腐上即可。

金氏红豆羹

材料 红豆、枸杞各20克，南瓜1个，大米适量

调料 盐2克

做法

1. 红豆泡发洗净；枸杞、大米均洗净；南瓜去籽洗净，做成容器状，蒸熟。
2. 锅内注入清水，放入红豆、枸杞、大米一起煮熟，加少许盐，盛入蒸好的南瓜内即可。

鲍汁白灵菇

材料 白灵菇1个，西蓝花少许

调料 盐1克，糖5克，鲍鱼汁适量

做法

1. 白灵菇洗净，择去菌柄；西蓝花洗净，掰成小朵备用；盐、糖、鲍鱼汁拌匀调成味汁。
2. 白灵菇装盘，淋上味汁后放入锅中蒸10分钟，取出。
3. 西蓝花用沸水汆熟，摆盘即可。

红油金针菇

材料 金针菇400克，红油50克

调料 盐2克，老抽、蚝油各10克，葱少许

做法

1. 金针菇洗净；葱洗净，切花。
2. 锅置于火上，注入植物油烧热，下蚝油炒至闻香，放入金针菇稍翻炒后，加入红油、盐、老抽，并注水焖煮5分钟左右。
3. 起锅装盘，撒上葱花即可。

健康菌南瓜盅

材料 南瓜、滑子菇、火腿适量，西蓝花少许

调料 盐2克，生抽6克，水淀粉10克

做法

1. 南瓜洗净，去盖挖瓤；滑子菇洗净；火腿洗净切块；西蓝花洗净，掰小朵后汆熟。
2. 南瓜盅入蒸锅蒸熟，取出后与西蓝花一起摆盘；油锅烧热，下滑子菇、火腿炒熟，加盐、生抽调味，用水淀粉勾芡，出锅后盛入南瓜盅即可。

冬菜大酿鸭

材料 鸭 1500 克，冬菜 125 克，瘦猪肉 250 克

调料 鲜汤 250 克，胡椒粉 2 克，料酒 20 克，酱油 10 克，盐 15 克，猪油 10 克，葱 50 克，姜 25 克，淀粉、花椒各 5 克

做 法

1 鸭治净，抹上料酒、盐、胡椒粉，放葱、姜、花椒腌 1 小时，上屉蒸熟，取出拆骨，鸭肉划成长方块，鸭皮朝下，放入碗内。

2 冬菜切成细末，猪肉切成小片；炒锅上火，将猪油烧热后下肉片，炒干水分，烹入料酒、酱油，加入冬菜，炒均匀，再加入鲜汤，用文火收汁。

3 肉片冬菜汤倒入盛鸭肉的碗中，再上笼屉蒸 1 小时取出，鸭肉扣入大盘中，碗内原汁入锅中，加一点调好味的水淀粉勾芡，浇入盘中即可。

青螺炖鸭

材料 鸭半只（约450克）、鲜青螺肉200克，熟火腿25克，水发香菇150克

调料 盐、冰糖各适量，葱段、姜片各10克

做法

1. 鸭治净，放入冷水锅中煮开，捞出；转放砂锅中，加水至将其淹没，旺火烧开，撇去浮沫，转小火炖至六成熟时加盐、葱、姜、冰糖，炖至九成熟。
2. 火腿、香菇切丁，与净青螺一同入砂锅，加适量水用旺火烧约10分钟。
3. 捞起鸭，剔去大骨，保持原形，大骨垫汤碗底，鸭肉盖上面，拣去葱、姜，将香菇放于鸭肉上，浇上原汤即可。

生熟蒜鲜虾蒸胜瓜

材料 蒜蓉100克，鲜虾500克，胜瓜1000克

调料 味精5克，盐、鸡精粉各3克，糖10克

做法

1. 鲜虾去须、爪，洗净开边；胜瓜去皮、籽，洗净切条。
2. 鲜虾、胜瓜、1/2量蒜蓉放入碗内，加入调味料搅拌均匀。
3. 放入锅内蒸至熟，取出撒上剩余的蒜蓉即可。

胡萝卜丝煮珍珠贝

材料 胡萝卜20克，珍珠贝100克，小青菜50克

调料 盐3克，葱少许

做法

1. 胡萝卜洗净，切成丝；珍珠贝洗净；小青菜洗净，去叶留梗；葱洗净，切末。
2. 锅中加油烧热，放入珍珠贝略炒后，注水煮至沸，加入胡萝卜、小青菜、葱焖煮。
3. 再加入盐调味即可。

蒜蓉粉丝蒸蛏子王

材料 蛏子700克，粉丝300克，蒜头100克

调料 生抽、鸡精、盐、葱花、香油各适量

做法

1. 蛏子对剖开，洗净；粉丝用温水泡好；蒜头去皮，剁成蒜蓉。
2. 油锅烧热，放入蒜蓉煸香，加生抽、鸡精、盐炒匀，浇在蛏子上，泡好的粉丝也放在蛏子上，撒上葱花，淋上香油，入锅蒸熟即可。

茶树菇蒸鳕鱼

材料 鳕鱼300克，茶树菇、红甜椒各75克

调料 盐4克，黑胡椒粉1克，香油6克，高汤50克

做法

1. 鳕鱼两面均匀抹上盐、黑胡椒粉腌5分钟，置入盘中备用。
2. 茶树菇洗净切段，红甜椒洗净切细条，都铺在鳕鱼上面。
3. 高汤淋在鳕鱼上，放入蒸锅中，以大火蒸20分钟，取出淋上香油即可。

酒酿蒸带鱼

材料 带鱼300克，酒糟100克，红椒适量

调料 盐3克，香油10克

做法

1. 带鱼治净，切段，抹上盐腌渍5分钟；红椒洗净，切成小粒。
2. 带鱼摆盘，铺上酒糟，放入锅中隔水蒸10分钟。
3. 取出，淋上香油，撒上红椒即可。

牛奶蒸蛋

材料 鸡蛋3个，胡萝卜、牛奶各适量

调料 盐2克，葱6克

做法

1. 胡萝卜洗净，去皮，切小丁；葱洗净，切末。
2. 鸡蛋打碎后放入碗中，加入胡萝卜丁、葱末、牛奶和盐搅拌成鸡蛋糊。
3. 鸡蛋糊放入锅中蒸至熟，取出即可。

三色蒸蛤蜊

材料 蛤蜊7个，牛肉末、豆腐、蛋液各适量

调料 盐、香油、葱末、蒜末、胡椒粉各适量

做法

1. 蛤蜊洗净，入沸水里汆烫，取出肉；鸡蛋清和鸡蛋黄分开煎成片，切成丝；豆腐洗净捣碎，与蛤蜊肉、牛肉末加盐拌匀。
2. 肉填在蛤蜊壳中，放上鸡蛋丝，撒上香油、胡椒粉和蒜末，入锅蒸熟。
3. 撒上葱花，摆好盘即可。

粉蒸羊肉

材料 羊腿肉500克，大米粉200克

调料 葱丝、料酒、茴香籽、草果、香油、花椒油、胡椒粉、姜末、辣豆酱、八角、香菜、味精、辣椒油、盐各适量

做法

1. 羊肉洗净切成薄片，放入葱丝、料酒、姜末、盐、味精拌匀，腌渍10分钟。
2. 把大米粉、八角、茴香籽、草果放锅内炒香，倒出压碎，再将辣豆酱炒出香味，加少量水，放入压碎的大米粉拌匀装盆，上屉用旺火蒸5分钟后取出。
3. 腌好的羊肉片加胡椒粉、花椒油、辣椒油和蒸好的大米粉拌匀，上屉蒸20分钟，取出放上香菜，淋上香油即可。

金蒜丝瓜蒸虾球

材料 虾仁100克，丝瓜2条，粉丝50克，红椒少许

调料 蒜蓉15克，盐2克，蛋清、生抽各适量

做法

1. 虾仁洗净，用盐、蛋清抹匀上浆；丝瓜去皮洗净，切段，摆盘；红椒洗净切圈，放在丝瓜上；粉丝泡发，摆在盘中央。
2. 盘放入蒸锅蒸10分钟，取出；炒锅倒油烧热，放入虾仁滑熟，捞起，放在丝瓜上；用余油炒香蒜蓉，调入生抽，起锅淋入盘中即可。

清蒸武昌鱼

材料 武昌鱼800克，火腿片30克

调料 味精2克，盐、胡椒粉各5克，料酒15克，姜片、葱丝各20克，鸡汤少许

做法

1. 鱼治净，在鱼身两侧剞上花刀，撒上盐、料酒腌渍。
2. 用油抹匀鱼身，火腿片与姜片置鱼身上，上笼蒸15分钟；锅中下鸡汤烧沸，加味精，起锅浇在鱼上，撒上胡椒粉、葱丝即可。

蒜蓉虾干蒸娃娃菜

材料 娃娃菜500克，虾干、蒜各100克

调料 香油20克，盐、味精各5克

做法

1. 娃娃菜洗净对切，汆熟，捞出控干水，装盘摆好。蒜去皮，剁成蓉；虾干洗净，备用。
2. 炒锅烧热加油，下蒜蓉、虾干、盐、味精爆香，倒入汆熟的娃娃菜上，上锅蒸10分钟，至熟后取出，淋上香油即可。

豉油蒸耳叶

材料 猪耳300克

调料 盐2克，糖5克，豉油15克，葱、蒜少许

做法

1. 猪耳去毛洗净；葱洗净，切花；蒜去皮，剁成末。
2. 猪耳用盐、蒜末涂匀，装盘后入锅蒸熟，取出。
3. 油锅烧热，放入糖、豉油炒香调成味汁，浇在猪耳上，最后撒上葱花即可。

山城面酱蒸鸡

材料 鸡肉400克，熟花生米100克，葱花3克

调料 盐、甜面酱、红油、红椒、花椒粉各适量

做法

1. 鸡治净，入沸水中汆去血污，捞出沥干，剁块装盘；红椒洗净，沥干切末。
2. 甜面酱、盐、红油、花椒粉搅拌均匀制成味汁，浇在鸡肉上，放上花生米，撒上葱花、红椒末，入蒸锅蒸至鸡肉熟透即可。

糯米蒸牛肉

材料 牛肉500克，糯米100克

调料 盐、酱油、料酒、葱花、红椒、香菜各适量

做法

1. 牛肉洗净，切块；糯米泡发洗净；香菜洗净；红椒洗净，切丝。
2. 糯米装入碗中，再加入牛肉与酱油、盐、料酒、葱花拌匀。
3. 拌好的牛肉放入蒸笼中，蒸熟取出撒上香菜、红椒即可。

雪菜蒸鳕鱼

材料 鳕鱼500克，雪菜100克

调料 盐、黄酒、葱、姜、味精各少许

做法

1. 鳕鱼去鳞洗净，切成大块；雪菜洗净切末。
2. 切好的鱼放入盘中，加入雪菜、盐、味精、黄酒、葱、姜，拌匀稍腌入味。
3. 放入蒸锅内，蒸熟即可。

酱椒醉蒸鱼

材料 鱼400克，野山椒酱50克

调料 盐、酱油、豆豉、料酒、姜丝、鸡蛋清各适量

做法

1. 鱼治净，切块，用盐、酱油、料酒腌渍，用鸡蛋清拌匀，放入蒸锅中蒸熟，盛盘。
2. 锅中入油，放入野山椒酱、豆豉、姜丝大火炒香，加入酱油、料酒、盐调味，淋在蒸熟的鱼身上即可。

荷叶蒸牛蛙

材料 牛蛙500克，荷叶、香菇、枸杞、红枣各10克

调料 盐、胡椒粉、姜片、葱、红椒丝、料酒、蚝油、味精、鸡精各3克

做法

1. 牛蛙去爪、皮和内脏，洗净切小块，用料酒、姜片、葱、盐腌渍几分钟；荷叶用开水泡软，垫入笼底。
2. 腌好的牛蛙加入味精、鸡精、蚝油、胡椒粉、香菇、枸杞、红枣拌匀，再装入笼中铺好。
3. 入笼蒸至牛蛙熟，出笼撒上葱、红椒丝，淋上热油上桌即可。

蒸刁子鱼

材料 刁子鱼300克

调料 盐5克，味精2克，老干妈豆豉酱5克，蒜米10克，姜米12克

做法

1. 刁子鱼治净，装入盘中，调入老干妈豆豉酱、蒜米、姜米、盐、味精拌匀。
2. 蒸锅上火，放入刁子鱼，蒸熟即可。

荷叶蒸水鱼

材料 水鱼1只，香菇、枸杞、红枣、荷叶各适量

调料 盐5克，料酒、老抽、姜片、葱花、陈皮、清油、红椒丝各适量

做法

1. 水鱼去内脏，切成 2 厘米见方的小块；其他材料洗净切好。
2. 鱼入沸水中过水，沥干水分后用料酒、姜片、葱花、盐码味，再依次加入老抽、陈皮、清油、香菇、枸杞、红枣，放在荷叶上，入笼旺火蒸制 20 分钟左右，出笼后置于盘内，放上红椒丝，浇上热油上桌即可。

酱油肉蒸春笋

材料 春笋200克，猪腿肉400克

调料 红椒片、盐、料酒、白糖、花椒各适量

做法

1. 白糖、花椒加水煮开调成味汁；猪腿肉洗净，放入调味汁中密封腌渍，放通风处晾干制成酱油肉，切片；春笋洗净切片。
2. 春笋片摆盘，酱油肉片盖在笋片上，烹入料酒，撒上红椒、盐，上锅隔水蒸熟即可。

丸子蒸腊牛肉

材料 腊牛肉 300 克，丸子 200 克

调料 红椒、葱花、香油、香菜各适量

做法

1. 腊牛肉洗净切片；丸子洗净，切片；香菜洗净；红椒洗净，切丁。
2. 切好的腊牛肉片与丸子装入碗中，入蒸锅中蒸 30 分钟。取出，撒上香菜、红椒、葱花、香油即可。

肉末蒸水蛋

材料 咸蛋、皮蛋、鸡蛋各 1 个，猪肉 50 克

调料 盐、生抽、红椒末、葱花各适量

做法

1. 咸蛋、皮蛋均去壳，切块。
2. 猪肉洗净，切成末，加盐、生抽拌匀。
3. 鸡蛋磕入碗中，加温水和盐搅匀，放入肉末，入锅蒸 3 分钟取出，放上咸蛋、皮蛋、红椒末，再蒸熟出锅，撒上葱花，淋上生抽即可。

粉丝蒸白菜

材料 粉丝 200 克，大白菜 100 克，枸杞 10 克

调料 盐 5 克，味精 3 克，蒜蓉 20 克

做法

1. 粉丝洗净泡发；枸杞洗净；大白菜洗净切成大片。
2. 大白菜垫在盘中，再将粉丝、蒜蓉、枸杞、盐、味精置于大白菜上。
3. 备好的材料入锅蒸 10 分钟，取出，淋上热油即可。

清蒸盐水鹅

材料 鹅肉500克

调料 姜片、葱段各10克，盐5克，胡椒粉少许，料酒10克，鸡精3克

做法

1. 鹅肉洗净后切成块状。
2. 锅中加水煮沸，下入鹅肉块氽烫后捞起沥干，再装入碗中，加入盐、胡椒粉、料酒、鸡精腌渍约3小时。
3. 腌渍好的鹅块与姜片、葱段入锅中蒸熟烂后取出，扣入盘中即可。

贵妃凤梨醉鸭腿

材料 鸭腿3只，菠萝肉30克

调料 盐、番茄酱各2克，白酒、姜适量

做法

1. 鸭腿洗净，抹盐、白酒腌渍片刻；菠萝肉切小块；姜去皮，切丁。
2. 姜丁放到鸭腿上，进锅蒸熟，取出。
3. 菠萝丁摆盘，将番茄酱淋在鸭腿上即可。

火腿鸽子

材料 乳鸽2只，熟火腿片100克

调料 料酒、盐、味精、清汤、葱末、姜末各适量

做法

1. 鸽子治净，下开水汆烫，捞出。
2. 鸽子放入盘内，加葱末、姜末、料酒、盐、味精，上屉蒸至七成熟，取出，去骨头；鸽肉放在汤碗内的一边，另一边放熟火腿片。将清汤倒入盛鸽肉的汤碗内，加盖，上笼蒸至鸽肉烂熟，取出即可。

芙蓉鸭舌

材料 鸭舌300克，蛋清、四季豆、枸杞各适量

调料 盐、料酒各适量

做法

1. 鸭舌治净，加盐、料酒煮至八成熟，捞出；四季豆去筋洗净，切丝；枸杞洗净。
2. 蛋清打成糊，加盐拌匀，将鸭舌加入摆成睡荷形，撒上枸杞，中间摆上四季豆丝。
3. 入蒸锅中蒸熟即可。

玫瑰蒸乳鸽

材料 玫瑰1朵，乳鸽1只，枸杞15克，红枣6颗

调料 绍酒10克，盐、姜片各5克，葱段10克

做法

1. 玫瑰撕成瓣状，用清水浸漂；枸杞洗净；红枣浸透去核；乳鸽治净。
2. 玫瑰花、枸杞、乳鸽肉、红枣、绍酒、姜片、葱段同放入蒸锅内，加适量清水，用旺火煮35分钟，调入盐即可。

第五部分

有滋有味 焖烧烩

烧、焖、烩是中国烹调技艺中最常用的烹调方法，也是广大家庭日常饮食中较常用的烹调方法，适用于制作各种不同原料的菜肴，其成菜色泽光亮，口味醇厚鲜香，最重要的是用这三种方法制作出来的菜肴更营养健康，所以深受人们的喜爱。

芽菜烧白

材料 五花肉 300 克，芽菜 50 克

调料 盐 5 克，味精 3 克，酱油 10 克，醋少许，姜 10 克，蒜 8 克

做法

1. 五花肉洗净，入沸水锅煮熟；芽菜洗净；姜、蒜去皮，洗净切末。
2. 五花肉皮用酱油上色，入油锅中将肉皮炸至金黄色，捞出沥油，切成片。另起油锅，爆香姜末、蒜末，加入芽菜炒香，盛出。
3. 肉片摆入碗中，上放芽菜，调入盐、味精和少许醋，入锅蒸 2 个小时，取出反扣在盘中即可。

冬瓜烧肉

材料 五花肉 200 克，冬瓜 100 克

调料 盐 3 克，酱油、鲜汤各适量

做法

1. 五花肉洗净，在表皮上剞回字花刀；冬瓜去皮、去籽，洗净，切条状。
2. 锅烧热，倒入鲜汤烧沸，放入五花肉、冬瓜，加盐、酱油调味，用小火慢慢烧熟，盛盘即可。

虎皮蛋烧肉

材料 五花肉400克，鹌鹑蛋20个

调料 盐、酱油、白糖、胡椒粉、水淀粉各适量

做 法

1. 五花肉洗净，入锅煮熟后切成块；鹌鹑蛋煮熟，去壳，用酱油拌匀。油烧热时下入鹌鹑蛋，炸至金黄色捞出。
2. 锅留油，下五花肉、盐、酱油、白糖、胡椒粉，炒至五花肉皮糯，下鹌鹑蛋，以水淀粉勾芡即可。

家常红烧肉

材料 五花肉300克，蒜苗50克，蒜30克

调料 盐、老抽、干椒段、姜片、味精各适量

做 法

1. 五花肉洗净，切方块；蒜苗洗净切段。
2. 五花肉块放入锅中煸炒出油，加入老抽、干椒段、姜片、蒜和适量清水煮开。
3. 盛入砂锅中炖2个小时收汁，放入蒜苗，加盐、味精调味，淀粉勾芡即可。

卤蛋烧肉

材料 五花肉400克，鸡蛋4个

调料 盐、糖、味精、老抽各适量，姜块、葱结各10克

做 法

1. 五花肉洗净，改刀成块。
2. 鸡蛋煮熟去壳，卤入味。
3. 起油锅，放五花肉煸炒至出油，下入姜块、葱结，加调味料上色调味，加水焖烧至熟，加入卤蛋，烧至汤汁浓稠即可。

香辣美容蹄

材料 猪蹄700克

调料 盐、料酒、白糖、干红椒段、熟芝麻、葱段各适量

做法

1. 猪蹄治净，剁成块，用水煮透后放入凉水中洗净。
2. 油锅烧热，放白糖炒至融化，下干红椒段爆香，再入猪蹄、料酒、盐、煮猪蹄的汤烧至猪蹄上色、软烂，收浓汁。
3. 盛出，撒上葱段、熟芝麻即可。

红烧蹄

材料 猪蹄1只，汆水西蓝花适量

调料 葱15克，姜10克，酱油、盐、冰糖、料酒、八角各适量

做法

1. 猪蹄剔去筒骨，放火上烧烤皮面，皮焦煳后，放入洗米水中浸泡至软，捞出刮去焦煳部分，洗净；葱洗净切段；姜洗净切片。
2. 锅上火，加水适量，调入调味料和猪蹄，用旺火烧开，转小火炖至八成烂时，将蹄翻身，炖至酥烂，装盘后用西蓝花装饰即可。

炖烧猪尾

材料 猪尾椎骨1根，枸杞、红枣各适量

调料 料酒15克，酱油10克，醋5克，糖4克，葱、姜各适量

做法

1. 猪尾骨洗净剁块；葱洗净切段；姜洗净切片；枸杞、红枣泡发洗净。
2. 锅中注水烧开，下猪尾骨块汆烫，捞出沥水。
3. 锅上火，放入猪尾骨块、枸杞、红枣、葱段、姜片及其他调味料，加适量水，用小火炖煮至熟即可。

尖椒烧猪尾

材料 猪尾、青椒各150克

调料 盐3克，酱油10克，大蒜8克，红椒圈20克

做法

1. 青椒洗净，去蒂、去籽；猪尾治净，切段，用酱油涂匀表面；大蒜去皮洗净。
2. 油锅烧热，下入青椒炸成虎皮状，摆盘；油锅再注油烧热，下猪尾炸至表面金黄，加大蒜、红椒同炒至熟。
3. 调入盐炒匀，起锅盛入盘中即可。

青豆烧牛肉

材料 精瘦牛肉300克，青豆50克，姜1块，水淀粉10克

调料 郫县豆瓣15克，鸡精3克，嫩肉粉5克，盐4克，花椒面2克，料酒3克，上汤、酱油各适量，蒜10克

做法

1. 牛肉洗净切小片，用水淀粉、嫩肉粉、料酒、盐抓匀上浆；郫县豆瓣剁细；青豆洗净；姜、蒜洗净去皮切末。
2. 锅置旺火上，油烧热，放入豆瓣、姜末、蒜末炒香出色，倒入上汤，调入鸡精、酱油、料酒、盐，烧开后下牛肉片、青豆。
3. 待肉片熟后再调入鸡精，用水淀粉勾薄芡，起锅装盘，撒上花椒面即可。

板栗焖羊肉

材料 羊肉500克，板栗、胡萝卜、白萝卜各适量

调料 桂皮1片，八角3粒，糖3克，酱油5克，米酒10克，葱段、姜蓉、淀粉、香油各适量克

做法

1. 胡萝卜、白萝卜洗净切块；羊肉治净切片，汆水。
2. 烧热油锅，爆香葱段、姜蓉，下入羊肉小炒，再放入胡萝卜、白萝卜、桂皮、八角、糖、酱油、米酒，加水焖煮约一个半小时。
3. 留羊肉去他料，放入板栗焖煮至熟，淋入淀粉及香油，炒匀起锅即可。

羊肉烩菜

材料 羊肉500克，豆腐、胡萝卜块、粉丝各100克

调料 盐5克，酱油8克，葱花、芹菜段各10克

做法

1. 羊肉洗净切块，汆水；豆腐洗净，切块；粉丝用温水泡发。
2. 油锅烧热，下羊肉，加盐、酱油炒匀。
3. 另起锅入汤，加豆腐、胡萝卜块、羊肉炖煮，加盐、粉丝，撒上葱花、芹菜即可。

烟笋烧土鸡

材料 干烟笋 100 克，土鸡 1 只

调料 豆瓣、火锅料各适量，盐 2 克，花椒油 5 克

做 法

1. 干烟笋泡冷水 24 个小时，再用温火煮 6 个小时，洗净切条。
2. 土鸡治净切块，下入沸水，加豆瓣、火锅料煮 2 个小时，加入烟笋，调入盐、花椒油一起煮熟即可。

重庆烧鸡公

材料 公鸡 1 只，干辣椒 40 克，莴笋 100 克

调料 盐、酱油、料酒、豆瓣、葱、姜各适量

做 法

1. 莴笋切条；鸡治净剁块，用盐、酱油、料酒腌入味，放入油锅中炸至金黄色，捞出。
2. 锅留底油，炒香豆瓣、姜、干辣椒，下莴笋、鸡块炒入味后，铲入煲中，改用小火煨熟即可。

黄焖土鸡钵

材料 土鸡 300 克

调料 盐、料酒、五香粉、生抽、啤酒、蒜苗、姜片、蒜末各适量

做 法

1. 土鸡治净，切块，入姜片、料酒、五香粉、盐、生抽腌渍 20 分钟；蒜苗洗净切段。
2. 炒锅入油，油热后转小火，入蒜末爆香，入腌好的鸡块，煸炒至鸡肉表面略黄，盛出。
3. 倒入啤酒，盖上锅盖，中火焖熟撒上蒜苗段即可。

红枣鸭子

材料 肥鸭半只，猪骨500克，红枣125克

调料 清汤2500克，料酒10克，冰糖汁2500克，味精适量，胡椒5克，白糖10克，盐、水豆粉各适量，葱末、姜片各10克

做法

1. 鸭洗净，入沸水锅氽水捞出，用料酒抹匀，于七成热油锅中炸至微黄捞起，沥油后切条。
2. 锅置旺火上，猪骨垫底，入清汤，后放入炸鸭煮沸，去浮沫，下姜片、葱末、胡椒、料酒、白糖、冰糖汁、盐，转小火煮。
3. 至七成熟时放入红枣，待鸭熟枣香时捞出，鸭脯朝上摆盘中；锅内用水豆粉、味精将原汁勾芡，淋遍鸭身即可。

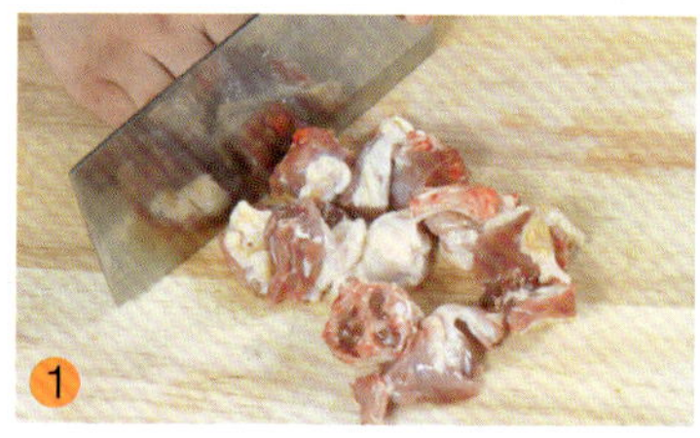

魔芋烧鸭

材料 魔芋20克，鸭200克

调料 香料、豆瓣、泡椒末各10克，味精、盐、鸡精、葱花各3克，香油、蒜、姜各5克

做 法

1. 魔芋洗净汆水；鸭洗净后剁块。
2. 豆瓣、香料、姜、蒜、泡椒末下油锅炒香，倒适量水入锅，捞渣，再下鸭。
3. 待鸭烧至七成熟时，下魔芋烧熟，再下其他调味料，起锅盛入碗中，撒上少许葱花作装饰即可。

蘑菇烧鸭

材料 光鸭半只，草菇 200 克，红椒 1 个

调料 盐 5 克，蚝油 10 克，高汤 200 克，米酒 10 克，生粉 5 克，姜片、葱各 10 克

做法

1. 草菇洗净去蒂，对切；红椒洗净切斜片；葱洗净切段；鸭洗净，滤干水分，切小块，用盐、姜片略腌。
2. 起锅爆香姜、红椒，放入草菇、鸭块，加蚝油猛火炒熟。
3. 再注入高汤、米酒焖至熟，下葱段，勾芡调味，淋油起锅即可。

芋头烧鹅

材料 鹅肉 500 克，芋头 6 个，红椒少许

调料 盐 4 克，料酒 8 克，生抽、胡椒粉各 5 克，姜、葱各少许

做 法

1. 鹅肉洗净剁块；芋头去皮洗净；红椒、姜洗净切片；蒜去皮；葱洗净切段。
2. 鹅块入沸水煮熟后捞起。
3. 爆香姜片、红椒，下入鹅块，调入其他调味料，加入芋头和水炖煮至熟烂即可。

腐竹烧鹅

材料 鹅 500 克，腐竹 150 克

调料 盐 3 克，醋 8 克，酱油 15 克，五香粉 10 克，姜末、香菜各少许

做 法

1. 鹅治净，切块；腐竹泡发，洗净，切成长段；香菜洗净，切段。
2. 锅内注油烧热，放入鹅块翻炒至变色时，下腐竹、五香粉、姜末炒香，注少量水。
3. 加盐、醋、酱油一起煮至熟，撒上香菜即可。

红烧乳鸽

材料 乳鸽2只

调料 盐、脆皮水、葱段各适量

做法

1. 乳鸽治净，整只入锅，加葱段、适量水和盐煲40分钟。
2. 乳鸽熟后取出，均匀地裹上脆皮水，挂在通风处吹干。
3. 锅中油烧至七成热时，下乳鸽炸至金黄色捞出，沥油摆盘即可。

干豆角焖腊肉

材料 腊肉300克，干豆角150克

调料 辣椒10克，花椒、糖各5克，盐3克，料酒、蒜苗、姜片各适量

做法

1. 腊肉洗净，煮熟后切片；干豆泡发洗净，切3厘米长的节。
2. 锅置旺火上，入腊肉爆至吐油后，下姜片、料酒、糖、干豆角、水，中火焖至干豆角熟时，放辣椒、花椒、盐、蒜苗推匀，大火收汁，起锅装盘即可。

农家烧冬瓜

材料 冬瓜500克

调料 姜片、葱段各10克，红油20克，盐、水淀粉各5克

做法

1. 冬瓜去皮切块，汆水后，放冷水中冷却。
2. 油锅烧热，爆香姜片、葱段，倒入清水烧开，放入冬瓜，调入盐，烧至冬瓜入味，装盘，锅内余汁用水淀粉勾薄芡，再加红油推匀，淋在冬瓜上即可。

五城茶干烧排骨

材料 排骨300克，五城茶干300克

调料 盐3克，鸡精2克，酱油、醋、料酒各适量

做法

1. 排骨洗净，切块，氽水后捞出沥干；五城茶干洗净，氽水摆盘。
2. 锅下油烧热，放入排骨煸炒片刻，调入盐、鸡精、酱油、料酒、醋炒匀，待炒至八成熟时，加适量清水焖煮，待汤汁收干盛于五城茶干上即可。

排骨烧玉米

材料 排骨300克，玉米100克，青椒、红椒各适量

调料 盐3克，味精2克，酱油15克，糖10克

做法

1. 排骨洗净，剁成块；玉米洗净，切块；青椒、红椒洗净，切片。
2. 锅中注油烧热，放入排骨炒至发白，再放入玉米、红椒、青椒炒匀。注入适量清水煮至汁干时，放入酱油、糖、盐、味精调味即可。

西红柿焖牛肉

材料 西红柿300克，牛肉500克

调料 料酒、盐、味精各适量

做法

1. 西红柿、牛肉分别洗净，西红柿切块，牛肉切薄片。
2. 牛肉放入锅内，加入清水，以旺火烧开，撇去浮沫，烹入料酒焖煮。
3. 待牛肉将熟时，放入西红柿，加入盐、味精，略烧片刻即可。

川味生烧鸡

材料 鸡肉300克，红泡椒、青椒段各50克

调料 生抽、辣椒油各5克，料酒、葱段、盐、姜蓉、花椒各适量

做法

1. 鸡肉治净，剁块后用料酒稍腌。
2. 油锅烧热，放入鸡块炒至断生，加入红泡椒、青椒段、葱段、姜蓉翻炒几下，锅内注水至鸡肉被淹没，焖煮30分钟。
3. 调入盐、辣椒油、生抽，撒上花椒即可。

胡萝卜焖牛杂

材料 胡萝卜50克，牛肚、牛心、牛肠各20克

调料 盐、味精、鸡精、糖、麻油、蚝油、辣椒酱各适量

做法

1. 牛肚、牛肠、牛心治净，煮熟后切段；胡萝卜洗净切成三角形状，下锅焖煮。
2. 待胡萝卜快熟时倒入其他材料及调味料焖熟，起锅后放入辣椒酱即可。

香汤软烧鸭

材料 烧鸭、凉皮各250克，鸭血、小青菜各100克

调料 葱花、姜片、红油、盐、高汤、味精各适量

做法

1. 原材料分别洗净切好，凉皮与小青菜汆熟后摆盘。
2. 油锅烧热，入高汤、姜片，用旺火煮沸，下烧鸭、鸭血煮熟，捞起装入放小青菜的盘中；红油加热，放入葱花、盐、味精搅匀，淋在鸭肉、鸭血、凉皮之上即可。

黄焖朝珠鸭

材料 鸭肉300克，鹌鹑蛋200克，草菇50克，胡萝卜30克

调料 葱、姜、盐、高汤、味精、料酒、淀粉各适量

做法

1. 鸭肉洗净剁块；胡萝卜洗净削球形；葱洗净切段；姜洗净切片。
2. 鹌鹑蛋煮熟后，剥去蛋壳；鸭肉块汆烫熟，滤除血水。
3. 油锅烧热，入姜片、葱段爆香，加鸭肉、草菇、胡萝卜炒熟，调入料酒、盐、味精，加入鹌鹑蛋和适量高汤焖煮，用淀粉勾芡即可。

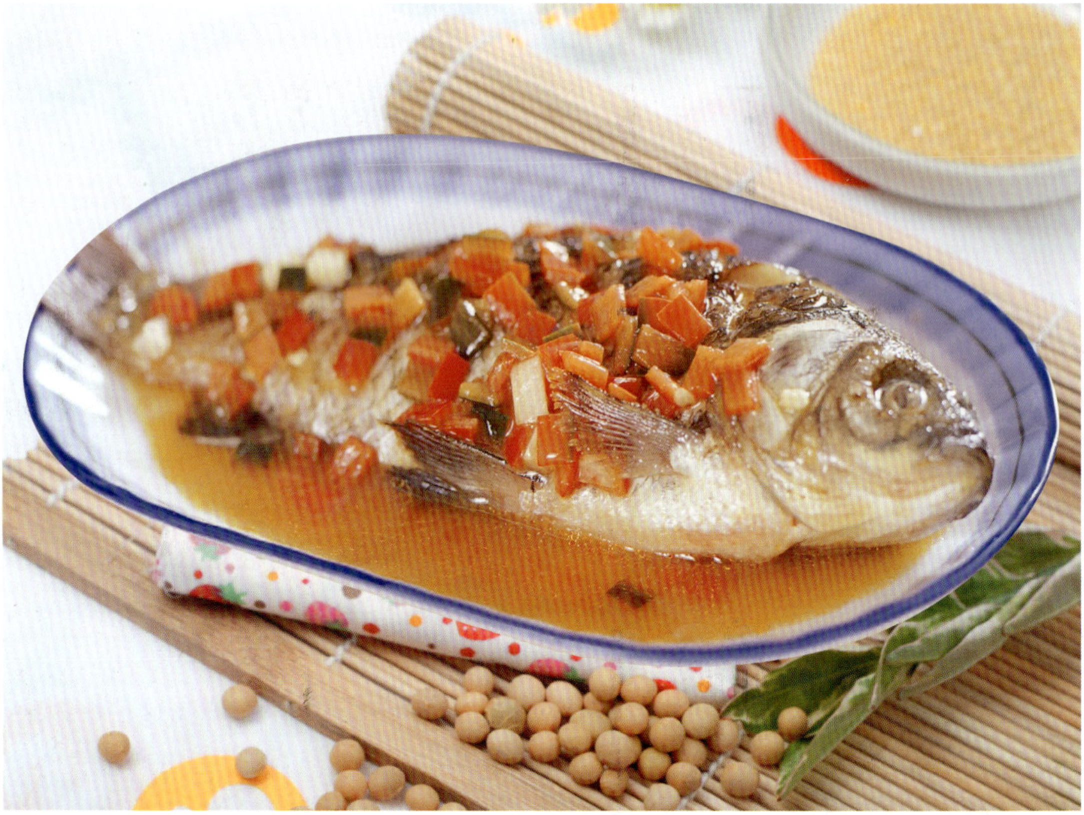

红烧鲫鱼

材料 鲫鱼 1 条，红辣椒 2 个

调料 生姜、蒜、油、盐、酱油、醋、黄酒各适量

做法

1. 鲫鱼去鳞洗净，在背上划上花刀，加盐腌渍。
2. 锅中油烧沸后，把鱼放入锅中煎炸，放少许生姜于其上。
3. 红辣椒、蒜置于油中煎香，将鱼放入其中，加入少量的水混在一起煮，最后放入少量的黄酒、酱油和醋即可。